暢銷改版

吃喝‧小店
空間設計
500

設計師不傳的
私房秘技

Contents

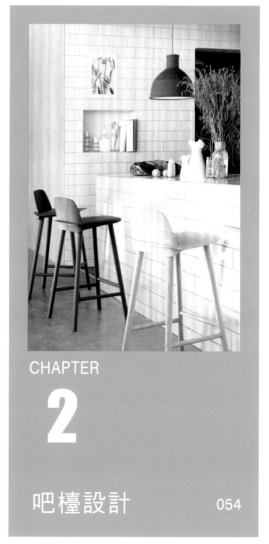

CHAPTER

3

CHAPTER

4

CHAPTER
1
外觀設計

讓人第一眼
就想走進去

外觀設計不僅傳遞店主希望呈現的形象意念,同時也是客人決定是否走進店裡的重要關鍵,因此在講求風格之餘,也應從客人心理狀態考量,避免過於強烈的風格語彙造成距離感,讓路過的客人望之怯步。

001
餐廳屬性決定主招牌的設計

一家店的招牌設計,取決於餐飲空間的類型,知名、連鎖品牌的餐廳,招牌通常是規模大且設計搶眼的做法,但若是訴求低調內斂的小型料理店或是溫暖的手作烘焙咖啡館,招牌不見得要擺在非常明顯的位置,可以設計在較為不顯眼的角落,搭配微透燈光的做法,帶出店的主軸氛圍。

攝影 _Yvonne

攝影 _ 葉勇宏

圖片提供 _ 力口建設計

002
放大側招、增加立招吸引路過人潮

招牌一般來說分成正招、側招，有些店家還會有立招，側招和立招的設計，應將人潮從哪邊來納入考量，尤其是單行道的巷子，側招的位置就必須安排在進入巷子的方向，同時招牌設計也應突顯餐廳名。另外一種狀況是，如果店家位置太過偏僻或是位在巷子底端，建議側招位置可以高一點、稍微放大尺寸，甚至可以選擇在巷口或是人潮處規劃立招與動線指引，讓路過的人可以很清楚的發現。

圖片提供 _ 直學設計

圖片提供 _ 六相設計

圖片提供 _ 禾方設計

圖片提供 _ reno deco 空間設計

003
善用招牌材質、燈光傳達餐廳定位

招牌的材質運用，可根據餐飲類型以及風格主軸作為設定，一般來說，日式餐廳多以鏽鐵、木頭、不鏽鋼材質打造，想要強調日本人的內斂和樸質精神，還可以選用具手感的布面或是暖簾作為招牌的表現之一，另外像是小酒館、義式餐廳的話，招牌可加入霓虹燈光，讓夜間呈現的效果更明顯，若是咖啡館、甜點店則多以溫暖的黃光投射，帶出親切溫馨的氛圍。除此之外，招牌的材質也得留意往後是否好維護，以及 2 ～ 3 年後所呈現的效果是否如原先預期。

004
用故事主軸延伸立面設計

外觀設計是引發顧客進門的第一目光，用風格決定門面是最直接的方式，但更厲害的是找出店的故事主軸去做延伸，舉例來說，以露營概念為發想的咖哩店，在外觀上就能充分置入與露營相關的元素，如：三角架、帳篷、露營燈，自然就會產生獨特性。

攝影_Amily

圖片提供_物外設計有限公司

攝影_葉勇宏

005
穿透性門面降低距離感

規模不大的餐飲空間，反而會更需要寬敞、清透的外觀，一來可以降低顧客的距離感，再者也能讓空間有開闊放大的效果，另一個好處是，多數人還是喜歡有視野的位子，而這些坐在窗邊的顧客，就成了招攬生意最好的活招牌。想要更有特色，大面的玻璃窗景可以藉由綠意引入自然感，或是利用格柵語彙、其他反射材料，製造光影層次，倒映於地面、牆面產生美好的視覺效果。

006
簡單材質、色調鋪陳創造個性

所謂的個性,並非要多麼華麗或是誇張的造型,小型餐飲空間也許在預算上不是太充裕,最快速且最有效率的做法是,用顏色展現特殊性,但同時也要考量周遭環境,過於相近的色調或材質,反而會掩沒存在感,而即便是普通到不行的木頭或是鐵件,透過排列、拼接的差異性,就能創造屬於店家的獨有面貌。

攝影 _Yvonne

攝影 _葉勇宏

攝影 _Yvonne

007
延伸空間元素打造內外一致的店面形象

小店店面通常因為面寬不夠,而容易被忽略,但也不適合為了吸引目光而做過於複雜、誇張的設計,建議此時不妨將空間風格延伸至店面外觀,藉由內外風格一致,可以更完整呈現想要表達的小店形象,也讓客人第一眼就能了解這家店的風格、個性。

008

材質｜美耐板、漆料、舊門片
舊門片｜NT.7,000 元

008
小物巧思打造街角日雜景色

以大量的白架構清新甜點店印象，並在白色美耐板上做出洗溝造型，讓表面增添線板效果，將原本的現代感轉化成手感鄉村風，整體設計及材質運用不追求繁複反而以簡單為主，採用花草、燈飾、舊木門點綴，營造隨興、悠閒氛圍。攝影
©Yvonne

材質 | 鐵件、清玻

材質 | 實木、鐵件、玻璃、水泥粉光

材質 | 進口帆布、鐵殼字、燈殼字、沖孔板

009

極簡設計打造日系小清新

前屋主留下的大片落地窗設計，不只讓光線可以毫無阻礙地引入長型空間，鐵件打造的外框，更是保留了空間原有的個性，不再多加裝飾，只簡單在門口擺上復古的椅凳及植栽做妝點，雖不華麗卻流露著悠閒氣息。攝影 ©Yvonne

010

傳達手作、天然的質樸感

為了表現手作麵包咖啡店手作、天然、質樸的調性，外觀上選擇實木、鐵件與粉光水泥等樸實建材；為了能將店家販售的手工麵包清楚呈現，在店面的正立面及側面都使用落地玻璃的設計，傳達出透明與安心的印象。圖片提供 © 禾方設計

011

強調線條展現日系清新風格

強調直接來自產地，新鮮食材只要透過簡易烹飪即可享用的咖哩店，融合店主人鍾愛的日系風格，運用白色沖孔板做出格柵線條，選用進口條紋帆布做為雨遮，帶出清新的日系感，並在門口加入野營用三角架與虛擬營火，強化露營主題。圖片提供 © 隱室設計

012

內外互通的通透視野

建物外觀呈簡約造型，以白色作為招牌底調，搭配黑色細體英文字樣，打造清新優雅的門面形象，同時配置清玻落地窗，讓內外形成互通的通透視野，減少與群眾之間的隔閡感，並將蛋糕櫃配置於近店門處，藉此吸引顧客目光。圖片提供 ©JCA 柏成設計

013

純粹原色展現明朗新北歐風格

整體空間走的是明朗輕快的新北歐工藝風格，室內以白色、灰色、綠色為基調，外觀利用簡單的材質低調呈現，同樣以白灰色為主，綠色則以豐富的植物呈現盎然生氣。圖片提供 © 直學設計

材質｜木隔柵、白色防水漆、清玻、鐵製烤漆

013

材質｜樺木夾板、鐵件、磁磚拼花

014

材質｜鐵格柵、清玻

014

簡約白調闡述清新風格

純白色建物座落於都市之中，一旁搭配大片綠意草地做陪襯，使方正建築形成視覺焦點，外觀以簡約白調闡述清新的鄉村風格，搭配充滿線條感的看版設計，且加入通透清玻門面設計，營造明亮清新的質感。圖片提供 © 芽米空間設計

015

勾起美好年代的懷舊情懷

將老建材行中才找尋得到的綠色小口磚貼滿建築牆柱，營造出 30、40 年前老房子的懷舊痕跡，加上隨興粗獷的木箱盆栽，更讓人卸下心房，只想走進店裡歇個腳、喝杯咖啡。圖片提供 ©reno deco 空間設計

015

材質 | 綠色小口磚、防水漆

材質｜木作立板、鐵框、投射燈

材質｜水泥、黑鐵

016

純淨白調傳遞品牌精神

店面位於幽靜小巷中，以純淨白調搭配投射燈光，加上充滿童話感的尖屋頂造型，於黑夜中顯得格外醒目，藉由門面設計象徵純粹、優雅、無太多裝飾的甜點，以第一印象傳遞品牌精神，導引上門客人對於蛋糕的幻想及渴望。圖片提供 ©JCA 柏成設計

017

水泥牆面＋鐵件，營造衝突美感

空間為專賣果汁的店面，但設計師不以明亮、清爽的色彩做外觀，反而使用水泥、黑鐵等工業風格顯著的素材，打造出有如餐廳酒吧般的個性風格，藉此讓路過的民眾產生好奇心，願意一探究竟。圖片提供 ©The muds' group 繆德國際創意團隊

018

光影材質帶出日夜豐富視覺層次

大面玻璃介質，主導內外兩向的視覺變化，白天視覺清亮，到了夜晚搭配霓虹光影，帶出放鬆的酒館氣氛。大門入口採取漸進式動線，賦予內玄關的概念，一來有隔絕聲音的作用，二來粉紅色框景則對應店名傢酒，創造了趣味感；此外，加入深灰色外觀，降低粉紅的甜膩感，反而更顯潮味。圖片提供 © 開物設計

材質｜鐵件、玻璃、塗料

材質｜鍍鋅鐵板烤漆、木料、鐵件、岩磚

材質｜塑木、面貼浮字

019
灑脫不羈的工業風穀倉

選定以「穀倉」作為空間主題，同時加入店名「EISEN」鐵件元素（德文），定調粗獷工業風設計，外觀利用透明玻璃作為隔牆，加以木料、紅磚、鐵件等材質鋪陳空間，企圖保留材質最原始樣貌，讓來到這裡用餐的人能感受到純淨、自在氛圍。圖片提供 © 禾方設計

020
親切溫馨的和風印象

基地屬於長形街屋格局，入口前段的騎樓規劃成等待區，中段安排風格鮮明的營業空間，後半段則是自家手作糕點的烘焙區，設計師先針對所需機能俐落分割使用區塊，外觀的部分則以木頭質感將空間主述的溫馨、緩慢、悠閒，透過大面玻璃窗釋放。圖片提供 © 好蘊設計

021
鄉村粗獷展現陽光精神

外觀融入獨有的鄉村粗獷風格，以橘黃色做建物主調，搭配醒目的藍色英文字樣與太陽圖騰，象徵「加州陽光」主題，店面融合美式餐廳與運動 Bar 概念，突破了專賣茶飲的單一形象，打造充滿特色的休閒餐廳。圖片提供 © 天空元素視覺空間設計所

022
木門遮掩勾引路人好奇感

大門的造型設計，主要考量與歐式建築外觀做搭配，但更重要的是，希望透過二扇居於中間位置的實木門片，以及左右二側玻璃櫥窗的虛實設計，營造出讓路人感覺遮掩與隱約可見的好奇感，也呈現餐飲店的神祕氣質。圖片提供 ©reno deco 空間設計

門片 | 黑鐵烤漆、清玻

大門（單扇）| 梧桐木石木 | 高 240 公分 x 寬 85 公分

材質｜黑鐵框條、強化清玻璃、黑色素鋁板

023
流線招牌展現商品形象

以黑鐵框條嵌強化清玻璃，打造整面通透的落地窗外觀，讓顧客可一覽店內情景，同時在建體添入黑色素鋁板，將白色招牌襯托得更為醒目，採用完美流線打造招牌造型，藉此呼應販售的優格，營造柔軟甜膩形象。圖片提供 © 十分之一設計

024
黑鐵調性傳遞職人品牌精神

座落在熱鬧街道上的小咖啡館，強調的是自家烘焙生豆的技術與品質，因而在外觀的呈現上，特別選用黑鐵材質為招牌底調，搭配具有光澤、高貴質感的金色英文字體，以帶有個性化的門面設計，營造出專業職人的氛圍。圖片提供 © 力口建築

材質｜黑鐵

025

材質｜木作、玻璃

025
大面開窗為小門面引入光線及目光

專營法式薄餅的小店門面窄小使室內採光不足，利用簡約線板勾勒出歐式外觀，以大面玻璃儘可能帶入自然光線，也讓來往行人看得到裡面的動態，引發好奇心增加入內品嚐的機會。攝影 ©Amily

026
粗獷材質展現不羈美式風格

想和時下流行日式簡約做出區隔，因此刻意挑選粗糙材質，如棧板、鐵件等，不加修飾展現材質原始質感，藉此呈現自由不羈的美式復古風，大面落地窗設計，除了有引進光線作用，也藉此串連室內外，打造一個自由沒有隔閡的空間。

攝影 ©Yvonne

026

材質｜鐵件、棧板、漆料

材質｜水泥粉光、玻璃

027

消弭界線讓街道綠意引入室內

咖啡館座落於台北民生社區綠樹林蔭的富錦街上，面對滿滿的自然綠意，設計師將空間內縮，退讓出架高地面作為咖啡館前院，結合可彈性開闔的落地窗以及玻璃採光罩，消弭室內外界線。透過不同時節產生的豐富多變光影綠意，成為最獨特的外觀風景。圖片提供 © 鄭士傑設計有限公司

028

藍綠色調創造搶眼清新的森林感

主打新鮮水果的茶飲店，外觀由內延伸至外的藍色天花板，象徵舒適宜人的天空，招牌有別於一般大型完整的設計，而是特別以獨立的綠色鐵殼字加上燈光，搶眼的視覺效果，強化消費者對品牌的記憶。藍、綠色調則傳達自然森林的氛圍。圖片提供 © 力口建築

材質｜鐵殼字招牌

029

材質｜咖啡色烤漆玻璃、水晶壓克力

029+030
木板門營造視覺趣味

空間僅 9.5 坪，因此設計師在正門處以大面積透明玻璃開拓內外視野，但在大門處卻以木材質遮蔽，讓顧客開門走進店裡的一剎那，會有期待的新鮮感受。圖片提供 © 睿格設計

030

031

材質｜木作、玻璃

031

內推入口創造市區小庭園

以身體環保、愛動物為概念的蔬食餐廳，空間也採用許多綠色植物的元素，刻意將入口內推，形成一個可以栽種植物的半開放小庭園，落地窗設計也為室內帶來溫暖日光。攝影 ©Amily

032

歷史建築轉化為文創形象

設計者對老屋抱持能夠保留即不拆並將老屋的特色放大的態度。加上信義好丘的建築是歷史建築，硬體無法更改，因此僅有作招牌懸掛，至於招牌設計重點則著眼在醒目與精緻。另一重點是將歷史建築的精神延引入室，成功勾勒出文創的品牌重要形象。圖片提供 © 禾方設計

032

招牌｜仟納論字 + 壓克力

033

033+034
材料反差對比創造吸睛焦點

位於邊間的咖啡館，融合了南法、復古、工業三大
主題，左側弧形牆面選擇舊木料、窗框的拼組，達
到隱約穿透引起路人興趣的目的，且窗框經過染色
處理，與木料更為和諧，右側則是板模混凝土牆面
與古典門框語彙，形成強烈的反差視覺效果。招牌
則是黑鐵局部腐蝕出 LOGO 的型態，並藉由高低差
及鏤空達到招牌元素上的層次；表面則以鏽蝕處理
做出仿舊韻味。圖片提供 © 隱室設計

034

材質｜黑鐵、舊木料、老窗戶、混凝土

035

材質｜杉木板、漆料

036

格柵拉門｜木作仿舊上漆｜高 220 公分 × 寬 120 公分

035

仿舊建材營造碼頭風情

建物外觀加入仿舊白色木作板材，營造帆船的視覺意象，一旁轉角更呼應招牌 logo 做出仿燈塔設計，使店面飄散出南法碼頭的慵懶悠閒氣息，且採藍底白字搭配黃色 LED 燈規劃兩款招牌，形成色彩對比的鮮明印象。圖片提供 © 大砌誠石空間設計有限公司

036

墨色瓦片與木牆格柵演繹風情語彙

在鬧中取靜的市中心巷弄間，設計師融合墨色瓦片、深色板牆與纖細的經典格柵等元素，打造「惡犬食堂」精緻古樸的店面外觀，而刻意降低燈光照度的設計，營造隱密放鬆的用餐氣氛，也讓這個空間洋溢小市民群聚暢談歡笑的城市剪影。圖片提供 © 游雅清設計

037

充滿實驗基因的多元空間

這是棟原本就相當具實驗性的建築物，想要重新利用或改造都不是件容易的事，「享實做樂」的設計團隊在盡量維持外觀的前提下，將設計重點放在局部保留空間舊元素，並努力加入新元素與之呼應、協調，進而形塑出這個空間內部新的使用方式，至於招牌設計則是以低調為主，成為有歷史沈澱與前瞻創意的新藝文空間。圖片提供 © 禾方設計

037

材質｜清水混凝土、玻璃、隔熱鐵皮

098

材質｜玻璃、帆布、木作

039

038+039
活動落地窗引入綠意創造開闊感

隱身巷弄中的儲房咖啡館，外觀保留老房子舊有結構元素，因應店主人對於戶外、自然的喜愛，整體以白、綠色基調鋪陳，側招牌是一間小房子，白色鏤空線條象徵燈光，就像坐落在山頭上的家，結合手感字體的正面招牌，予人溫暖親切的感覺。特別的是，原本封閉的住宅格局改為四大片活動落地窗，產生開闊明亮的美好氛圍，微涼的春秋季節打開更有助於室內外連結與通風，店主人甚至請木工訂製高腳桌，既有前檯就是椅子，加上四周綠意花草的圍繞，在此用餐更是愜意。攝影©Amily

040

材質 | 油漆、鐵件、紅磚道

042

材質 | 南方松、木料

040

融入社區的美麗後花園

「好丘」是以天母人的後花園作為設計出發點，從綠地、人、事、物來想像將會在此發生的情境。除保留原有拱形建築特色，外觀顏色則經過現場試色，才調和出這樣與環境較相符的色調，讓它與四周建物色彩不會重複或衝突，而只是靜靜地存在。圖片提供 © 禾方設計

041+042

仿舊處理留住老屋風貌

坐落於信義商圈周邊的 1315 咖啡館，不規則的建築物是最大的外觀特色，室內外因而產生特殊的三角地帶，設計師刻意保留外牆舊有紅色磁磚，搭配以鑄鐵鏽蝕打造的門牌，以及原窗戶加上舊木料窗框，留住老屋的原味風貌。木作平台上也大量加入花草植栽，讓咖啡館增加親近陽光與自然的地方。攝影 ©Amily

043

材質｜水泥粉光

043+044
黑白對比營造簡約英倫風

配合咖啡館整體簡約的英倫風格，在招牌設計上僅以對比強烈的黑白呈現；字體採用灌膠字表現襯線字體的細節。此外，由於咖啡館店廊十分狹長，因此招牌轉角處，加入了店內的設計符號「×」，以達到整體的視覺平衡。圖片提供 © 隱室設計

044

材質｜黑色鍍鋅板、橡木

材質｜清玻

045
極簡設計建立時尚自我風格

入口門面區域運用大量黑色鍍鋅板，塑造出不同於周邊建築物的時尚空間環境，並利用大面積的黑，營造神秘感讓人想一探究竟。入口位置刻意採斜向設計，並採用大面落地玻璃，將導引動線拉回整體空間中央，就算沒有走進去，也能在室外清楚感受店裡的風格及氛圍。攝影 ©Yvonne

046+047
黑色營造私房小店調調

雖然位於巷弄底的轉角位置，不以顯眼色調做設計，反而以低調的黑色營造神秘、低調感，並以大量植栽做點綴，增加自然元素也增添視覺層次感受。立面採落地玻璃窗設計連結室內外增加開闊感，由於位於巷尾，不必擔心來往行人視線。
攝影 © 葉勇宏

招牌 | 木板漆、鐵桿 | 寬 60 公分 x 高 45 公分

048
手作風招牌帶來親切印象

吊掛式招牌以黑色鐵桿結合木板漆黑、印刷等設計，展現出手作風的質感，再藉著綠色復古外牆磚的色彩搭襯，在小巷街頭的轉角間帶來親切而樸實的印象。圖片提供 ©reno deco 空間設計

049+050
大片落地窗，迎進好採光

整面落地窗設計將大量光線引入深長的室內空間，原本舊的庭院重新規劃植物並擺上座位，提供客人戶外座位選擇。另外以松木板簡單和左右鄰居略為隔開，避免來往行人，維持咖啡館的寧靜，看板選用粗糙又不失手感的松木板打造，呼應戶外空間的自然元素。攝影 ©Amily

材質 | 松木板

051

材質｜玻璃

051

手繪黑熊 + 玻璃窗拉近與客人的距離

坐落在中和環球商圈正對面的咖啡熊，主要販售手工烘焙咖啡，外觀採取玻璃落地窗為規劃，搭配溫暖的燈光色調，讓來往客人能感受到溫暖明亮的氛圍，側招牌設計比例放大，加上品牌選用可愛友善的手繪黑熊為 logo，拉近與消費者的距離。攝影 ⓒAmily

052

簡約落地窗景迎入都市街景

專門販售生熟食的雜貨鋪，因應店主人對空間的定位與大樓本身規範，外觀以簡約的落地玻璃窗為設計，現階段暫時以壓克力手寫字，未來店主人預計邀請手繪字體設計師重新打造窗景的彩繪。攝影 ⓒAmily

052

材質｜玻璃

053

材質｜石木、樺木夾板、三角馬賽克、洞洞板

053

簡約色調呈現清爽俐落日式形象

外觀以潔淨的白灰色搭配淺色原木，定義出咖啡館的調性，表現出日式無印風格，門面採用跨距落地門呼應主色調，給人俐落的清爽印象，牆面鋪陳的三角形馬賽克磚則帶來紋理變化的小趣味。圖片提供 © 直學設計

054

沉穩色系對比盎然綠意

在水泥叢林中創造自然綠意的休憩區域是店家的中心思想，因此在店面設計上，原始的水泥牆面僅以灰藍色鋪陳，沉穩自然色調有效穩定空間氛圍，流露淡雅氣息，也成為綠色植栽的重要映襯。攝影 © 葉勇宏

054

材質｜塗料、水泥

材質 | 原木、塗料

055

輕柔的鄉村風調性

專賣法式甜點的店家,整體以輕柔的鄉村風為主軸,將原本深木色的牆面改以白色鋪陳,再搭配大面積原木格子窗,呈現清新自然氣息,與甜品自身的可愛感相輔相成。沿用原本的踏階,再加上植栽點綴,豐富店面外觀。攝影 © 葉勇宏

056

自然素材呼應店家精神

以自然有機作為店家精神,因此在原有庭園開闢開放式香草花園,門口步道則使用二丁掛的紅磚,保留原始的洗石子圍牆再以木柵欄包覆,呈現生機盎然的田園野趣。招牌以櫛瓜顏色和外觀為象徵,鮮豔的黃與質樸的棕色牆面形成對比,自能成為目光焦點。攝影 © 葉勇宏

材質 | 紅磚、塗料、南方松

057

材質｜漆料、玻璃

057

可坐的圍牆高度更親近

原本老屋圍牆打掉和四格木窗拆掉之後，將圍牆保留約 50 公分高度，讓客人可以坐在圍牆上聊天等朋友，整面窗戶則讓坐在窗邊的客人可以享受街道的生活風景，庭院植栽多肉植物仙人掌不僅易於照料，且增添綠意情調。攝影 © 李永仁

058

簡單材質呼應品牌健康訴求

創新的東方健康飲品以外帶外送為主，大門以 3 片式的活動拉門組成，讓入口能完全展開，以開放姿態迎接來往的顧客，開展的入口清楚看到店內吧檯及招牌，木材及水泥材質相互搭配出樸實質感，反應 Life On 健康飲品的品牌態度。攝影 © 葉勇宏

058

材質｜實木、玻璃、水泥

材質｜實木、強化玻璃

059
展現中式復古情懷

以大面落地窗取代外牆，穿透視覺能吸引民眾目光。喜愛收藏老件的店主，特意選用舊式木門，再加上置中的設計，展露濃厚的中國味。方圓形的小巧招牌，更顯玲瓏有緻，白色招牌與黑色壁面也形成強烈對比。攝影 © 葉勇宏

060
白，簡單閒適的 life style

以既有建築改建的 torro cate，希望創造出一個「for all」的生活空間，沒有圍牆阻隔。為了讓開放吧檯對內外能同時使用，設計者捨去很多既有隔間，做出更開放的設計，並且以 Pure nature 的白色，傳遞給消費者一種簡單閒適的 life style。圖片提供 © 禾方設計

060

材質｜舊台灣杉木

061

材質｜強化玻璃、南方松

061

穿透設計吸引目光

由於店面位於轉角處，再加上面寬不大，因此正面和側面皆使用大面積的落地窗，不僅能讓內外環境對話，也能展示店家標誌，成為吸睛焦點。下方則以實木打造踏階平台，藉此修飾地面高低段差，也作為花圃裝飾，呈現綠意生機。攝影 © 葉勇宏

062

染黑松木圍籬，巧妙隱身東區巷弄

沒有招牌的 Chloechen Cafe 座落在三、四十年歷史老公寓一樓，為保留店面神祕感，設計師在舊有水泥台階上，以染黑南方松將店面整個包覆，遮擋來往路人視線維持店內的隱密感，更藉由深色帶出材質低調質感且完美融入周遭環境。圖片提供 © 涵石設計

062

材質｜南方松

材質｜黑鐵、鍍鋅板

063

黑鐵、扁鐵材料玩出創意招牌

取名為卡那達的咖啡館，招牌以黑鐵腐蝕為材料，並以扁鐵的方式呈現主招牌，即使是隱藏巷弄中的咖啡館，左右來往的人也能看見招牌的存在。右邊的側招牌則分別以陰刻、陽刻突破方格的手法表現，包括右側大樓欄杆、採光罩也是重新整頓，使其與外觀更有整體性，而門牌則是鍍鋅板成形，當中鏤空並結合信箱功能以投遞信件。圖片提供 © 隱室設計

064

招牌時鐘烘焙提示小細節

因建築本身的挑高格局，而讓落地窗整面呈現，也讓室內獲得足夠採光和通透感，招牌細節在於以小麥研磨流出意象作為烘焙坊形象圖，另外老闆喜歡收藏鐘錶，所以門前特別裝置時鐘，客人只要抬頭看到錶面時間，就知道即將出爐的麵包品項。攝影 © 李永仁

064

材質｜鐵件、玻璃、木貼皮

065

帆布店招兼遮陽棚│寬 460× 高 150 公分
材質│帆布

065
以木質框飾的玻璃櫥窗印象

基地位於老舊集合式住宅大樓的角間一樓,設計師在外觀的門面設計上,融入大量木質語彙,來襯托玻璃櫥窗的輕盈透亮,外廊上方並加作梯形的褐赭色帆布遮陽棚,並將店招印刷其上,遠遠就能吸引路過的目光。圖片提供 © 六相設計

066
溫馨可愛的清純外觀

Mr.Butter Caf'e 座落在相當寧靜的老街區,店家將屋齡頗高的一樓街屋加以改造,門前原來老舊的鐵捲門,換上清新又時髦的 Tiffany 藍色調,搭配玻璃的清透感,在炎熱的夏日裡看起來格外宜人,門前並擺設小摺與綠色植栽增添悠閒氣氛。攝影 © 葉勇宏

066

材質│木作、玻璃、刷漆

067

材質｜鐵件、棧板、漆料

067

低調安靜的簡約外廊

鹿角公園命名的由來，源自店家與好友們為數眾多的鹿角收藏，這些各式各樣在不同旅程中到手的紀念品，之後也成為店內關鍵的風情語彙，而店旁的小公園綠意盎然，也是讓「鹿角公園」因此完整的最後一塊拼圖，建築外廊以黑色塗裝，大面落地玻璃讓空間與地景完美融合。攝影 ©Amily

068

營造歐式復古的淡雅

外圍保留原始的洗石子矮牆，入口處則運用低矮的舊式木門，與板岩外牆和歐式壁燈相呼應，光線隨著牆面紋理映照，創造歐式復古的恬淡氛圍。大面落地窗的設計，能迎入大量日光，而圍牆也能適時遮蔽，提供隱密舒適的空間。攝影 ©葉勇宏

068

材質｜板岩、南方松

069
入口點出日雜鄉村風 CAFE 主題

面對公園的老公寓，保留難得的院子和原始矮牆大門結構，柔和藍色木門、漆灰矮牆欄杆以植栽與雜貨裝飾，點明日雜鄉村主題。店主人利用筷盒手作的「營業中」燈也是迎賓亮點。攝影 © 葉勇宏

070
綠意花台呼應自然景致

日式料理為主的餐飲小店，以環境氛圍為設計主軸，將座落於公園景觀的氛圍延伸成為門面設計，入口兩側以紅磚砌出花台並種植鳶尾花等植物，立面以極為低調的黑色調刷飾，搭配充滿日式風味的暖簾做為招牌，讓小店與周遭環境合而為一，卻又擁有自己的獨特性。圖片提供 © 力口建築

069

材質│漆料

070

材質│漆料、紅磚

071

材質│老木、舊窗花、二手門板

071
讓老物件重現舊日手作的美好

外觀以具時間感的老物強調餐廳的手作精神。店面正上方以老木拼接成格柵，藉此將大樓其他住戶室外機遮住，同時成為招牌看板，大量使用老木堆疊出門面復古基調，門窗選用從老屋拆卸下來的老窗花、二手門板延續懷舊手感，也隱涵著餐廳惜物的理念。攝影 © 葉勇宏

072
溫潤實木包覆展現輕鬆悠閒感

咖啡館位在幽靜的民生社區，店主人希望將外在環境的悠然氛圍帶入空間，讓品咖啡的人能靜下心來感受咖啡的美好；因此咖啡館以家的概念出發，外觀全採用紮實的南方松碳化木包覆，回應周遭的綠樹草坪，再搭配黑鐵勾勒結構細部，給人不拘小節的親切感。攝影 © 葉勇宏

072

材質│南方松碳化木、黑鐵

073

材質｜舊木、鐵件

073
自然融入還原老屋樣貌

由於原本是做為車庫使用，因此門面需重新設計，但為了保留老屋原有的質樸美感，選擇少量更動為設計原則，只利用簡單的窗框線條以及吧檯延伸出來的老木拼貼，自然融入老屋也突顯咖啡館的低調個性，讓漸漸消逝的美麗可以繼續傳承下去。攝影 © 葉勇宏

074
溫潤木素材營造親切形象

利用落地窗穿透效果，讓過往客人清楚看到店裡親切、溫暖的空間氛圍，然後可以安心地走進來；以木格柵貼覆外牆，是希望利用木的溫潤質感，強調沒有距離的親民印象，並呼應屋頂的草皮與門口的植栽自然元素。攝影 © 葉勇宏

074

材質｜木、草皮、玻璃

材質｜鍍鋅浪板

076

077

材質｜水泥粉、舊木

075
從船艙發想，打造獨特門面第一印象

不同於一般咖啡廳以落地窗做為咖啡館門面首選，反其道而行以船艙概念做發想，在銀色鍍鋅浪板上隨興以矩型排列，打破既定的門面印象，同時展現獨特創意與趣味，大門仿造船艙門造型則是立面創意的延伸，讓設計概念更為完整也達到視覺上的一致性。攝影 © 葉勇宏

076+077
延伸澳洲記憶打造悠閒旅行想像

曾在澳洲遊學打工的店長，開店初衷就是希望分享澳洲留學經驗，因此從庭院開始，盡量選用水泥、木等原始材質，搭配綠色植物點綴，型塑有如澳洲步調緩慢的悠閒氛圍，其中顯眼的黃色路牌不只有指示功能，也替沉穩內斂的外觀加入活潑俏皮元素。攝影 © Yvonne

078
延伸空間元素，完整鄉村風格

店面以白色做為主視覺，利用線板及五金小物強調鄉村古典元素，希望給客人親切、溫暖感受，因此選擇大面落地窗，讓客人一眼清楚看到店裡面，進而感受到店家想傳達的訊息，走道地板以進口花磚鋪陳，延續立面古典元素，讓客人在門口就能感受濃濃鄉村風。攝影 © 葉勇宏

079
室內空間退縮營造層次感受

將原本蓋滿的店面內縮還原庭院模樣，讓客人在進入咖啡館前情緒得以轉換與緩衝；封住原本入口移至另一側，外牆因此更具連續性，重新漆上白漆更換具復古感木格窗，將咖啡館室內氛圍延伸至外觀，也給人清新第一印象。攝影 © 葉勇宏

078

材質｜進口花磚、線板

079

材質｜老木、漆料

材質｜磨石子

正面外觀｜高 300× 寬 500 公分｜鐵件、玻璃

材質｜玻璃、南方松

080
從入口就能感受到家的溫馨

打開老房子原本封閉感，門口採開放式設計讓經過客人可以明確感受店裡的氛圍，也藉此讓光線可透過落地窗引入室內空間；招牌低調地以深木色鋪底，搭配白色招牌字，設計乾淨簡潔正呼應店裡不過於華麗裝飾，展現有如自家溫馨的風格。攝影 © 葉勇宏

081
清爽白淨的北歐氣息

雖然賣的是精緻的法式甜點，不過整體的店面外觀，卻是簡約清爽的北歐風格，廊前鏡面金屬包覆的圓柱，讓第一眼的感覺帶了點都會前衛的味道，而法文字串代表著「希望來客能常來一起玩」的意思，與「稻町森」的台語諧音，有著趣味十足的呼應！攝影 © 葉勇宏

082
木格柵營造手作親切感

避開熱鬧的大馬路選擇小巷子，是希望鬧中取靜營造更為輕鬆、悠閒的用餐感受，也因為位於巷子，所以選擇門面較寬的店面，藉此提高能見度，店面元素多偏冷色系，因此在門口以木格柵營造溫暖感受，避免讓客人產生距離感。攝影 © 葉勇宏

083

083+084
雙面開口營造兩種不同風情

位於街角的數十年老屋，雖然破舊不堪但仍希望保留些許老屋特色，因此兩邊皆開了入口，一面重新找來老木料打造復古木拉門，以立面視覺營造老街寧靜氛圍，另一個入口則以黑白金為主色調，利用黑白兩種磚拼貼成簡潔門面，簡單點綴的金色招牌雖然小巧、低調卻仍然搶眼。攝影 © 葉勇宏

084

材質｜老木料、磁磚

靠窗木長吧｜長 360× 寬 40× 高 80 公分｜夾板上保護漆

材質｜漆料、南方松

材質｜老木

085
明快輕盈的玻璃櫥窗印象

整個由玻璃、鋁框打造的臨街外觀相當醒目，三等分的分割點綴活潑的對話框圖案，令人連想到三五好友一邊享用美食、一邊欣賞人來人往或談笑風生的歡樂景致，玻璃窗前並善用雨遮的深度規劃戶外座位區，此區的玻璃素材跟著改為噴砂材質，確保不干擾玻璃牆兩邊的客人用餐。圖片提供 © 地所設計

086
黑白對比強調獨特性格

與其運用過多花俏設計，讓人眼花瞭亂，不如走極簡設計更來得令人印象深，以強烈的黑白兩色做外觀主視覺，只單純以植栽點綴，然而雖然設計簡單，卻相反地更為引人注目，也突顯這家店的個性。攝影 ©Amily

087
繁忙街道裡的悠閒街景

考量店面面寬過窄，因此不以繁複做設計，簡單用老舊枕木架高地面創造一個可擺放植栽的平台，並利用雜貨小物、植栽以及白色吊椅妝點，營造閒適街角一景，藉此吸引路過行人目光，進而產生想一採究竟的欲望。攝影 © 葉勇宏

材質：H型鋼、強化玻璃、鐵件

088
粗獷陳舊的濃重金屬風格

以 H 型鋼作為門片、落地窗的結構，呈現 H 型鋼特殊造型和濃厚的金屬特性；牆面四周和天花則用藥水鏽蝕過的鐵板鋪陳，突顯陳舊粗獷的金屬風格。門片以金屬網格和實木相拼，展現多層次的視覺效果。利用實木中和鐵件的冷冽感，金屬網格則與落地窗的穿透設計有異曲同工之妙。攝影 © 葉勇宏

089
巷弄裡的幽靜綠帶

座落幽靜的國宅社區，joco latte 為周邊居民們提供一處很棒的交誼空間，隱密又低調的外觀帶著濃濃時間感，更有隨時飄送的咖啡香氣沁人心肺。大面採光的窗與門都避免突兀的裝飾物，深咖啡與淡灰綠的門窗框色，巧妙融入周邊環境，給來如家一般的溫馨想像。攝影 © 葉勇宏

材質｜鋁框、玻璃

090

材質｜鐵件、棧板、漆料

090
鮮橘色與紅白條紋的美式搖滾

鮮橘色跟咖啡色木皮以 2／3、1／3 的色彩比例，形成大老遠就很醒目的牆面造型，中央較大面的牆上，將店名招牌比照掛畫處理，別有一番雅緻風情，上方紅白條紋相間的帆布雨遮，散發出類似美式快餐店的歡樂氣息。圖片提供 © 地所設計

091
摩登神祕的黑色輪廓

基地是一整排老舊街屋的一樓，黑色為主的店面外觀搭配大面清玻璃，在人來人往的捷運站前看起來特別顯眼，雨遮右側有個小巧的戶外區，而店內販售的商品種類以圓形黑底金屬牌的形式，倒吊在多處天花板上，設計靈感來自早年黑松汽水的鐵牌看板。攝影 © 葉勇宏

091

商品鐵牌｜直徑約 25 公分｜金屬

092
材質｜玻璃、鐵件

092
H 型鋼架構門面濃厚工業感
一開始即設定為工業風，因此門面設計也以此為走向，老屋空間縱深，採用大面落地窗設計改善光線問題，門框則以帶鏽感鐵件形塑濃厚工業風，由於外推空間不足，因此以拉門取代外推門，也藉此留出更多空間做座位安排。攝影 © 葉勇宏

093
捨棄隔牆拉近與客人距離
不做過多的裝潢、設計，讓水泥和磚牆裸露呈現空間個性，店面外觀自然有獨特性；有如鐵鏽的招牌設計低調地告知店名，沒有隔牆的通透門面讓人有種可輕鬆進入的親民感，另外妝點大量植物，展現生命力也軟化過多冷硬元素。攝影 © 葉勇宏

093
材質｜水泥粉光、磚

094
材質｜漆料

095
材質｜漆料

096
材質｜玻璃

094
讓台北街頭迷漫法式風情

以販賣鬆餅為主，因此一開始顏色便決定選用相似的焦糖色，但鮮豔的黃並不適合略帶法式古典的外觀，因此除了選用較為沉穩的顏色外，也採用仿舊技巧讓漆面呈現復古懷舊感，整體完成後再裝上復古街燈做裝飾，台北街頭瞬間散發著濃濃法式風情。攝影 © 葉勇宏

095
復古老件營造懷舊氛圍

原始的老房子前面並沒有庭園，特意自己重新改造，讓都市裡的些許綠意可以療癒人心，門窗保留原始屋況，塗上灰藍色調改變原本老舊的顏色，結果出乎意料反而呈現一種清新的復古氛圍。攝影 ©Amily

096
清玻璃結合木作打亮小店門面

以三片大片玻璃構成外觀牆面，順利將光線引導至室內，同時也希望藉由玻璃穿透效果，營造明亮感讓客人放心走入消費，招牌以木素材為基底搭配偏棕色店名，形塑低調的同時也帶來親切感。攝影 © 葉勇宏

097
鮮豔黃色打亮門面

原本入口為住家，有棚子又有植物顯得相當雜亂，考量入口面寬窄小，因此以簡潔設計為主，讓門面看起來乾淨、俐落，落地窗設計也讓客人能看到店裡動態而對這家店產生興趣，至於黃色矩形則是希望製造視覺亮點，吸引過往路過客人注意。圖片提供 © 就愛開餐廳

098
小開窗的低調門面成為街角獨特風情

外牆有著老房子的洗石子牆面與臨近路邊的鏽蝕感店面招牌，粗獷簡樸質感給人零距離的親切態度，架高的門廊隨興擺放幾張椅子，成為戶外吸煙區也是午後觀察路人的休閒座區；最特別的是，門面不像一般咖啡館有著大面的落地玻璃窗，只有一扇框漆成黑色的方形窗戶正對著內部吧檯，像是一幅懸在街區牆面的美麗畫作。攝影 © 葉勇宏

材質｜水泥、漆料

材質｜水泥、黑鐵、清玻

099

材質｜實木、鐵件、洗石子

099+100

黑色鐵件透露低調時尚

室內水泥地坪延續至入口處，藉由無華的水泥呈
現由裡至外的自然質樸調性，櫥窗及格門材質則
採用黑鐵，極簡設計可盡情展現鐵件的原始冷硬
質感，雖然並非華麗材質但水泥和鐵的黑灰配
色，替入口形塑出低調的時尚感。圖片提供 © 隱巷
設計

100

材質｜水泥、花磚

101

極簡留白展現和風意象

希望從外觀即給人強烈和風印象，因此利用白色色牆打造極簡、留白主要視覺，再利用黑色鐵件框架與竹子，藉此形塑出完整的日式和風；店名招牌簡潔簡單以燈飾強調店名，希望在低調中仍維持一定的辯識度。圖片提供 © 隱巷設計

102

富含建築美感的工廠風

工義披薩工廠雖是由鐵皮屋改造，不過整體建築外觀卻非常醒目、摩登，以鐵灰色企口板打造的立體方框，烘托以幾何斜切的 OSB 板造型，門面設計則採穿透感最佳的大面落地玻璃，加上玻璃點綴可愛的漫畫式圖案，一來可以防止碰撞，同時也能增添輕鬆的用餐氣氛。圖片提供 © 子境設計

材質｜漆料

材質｜甘蔗板

材質｜舊木

103

綠色植栽具遮擋、緩衝作用

店面與大馬路之間沒有適當距離，馬路的吵雜聲音及路人視線，多少會影響到客人用餐心情，因此原本戶外座位區，規劃成小庭院，利用植栽自然形成綠色圍幕，遮擋路人視線，也讓店面與道路保持適當距離。圖片提供 © 就愛開餐廳

104

保留老屋樣貌展現質樸個性

原始的洗石子牆面是老屋質樸特色，因此決定保留原始狀態，只有因應採光需求在牆面多開了幾面窗，改善原本空間裡的陰暗，另外在屋頂擺放盆栽，除了有綠化效果，也讓冷硬的水泥建築多了點生氣。圖片提供 © 就愛開餐廳

材質｜洗石子

105

105+106
洋溢小酒館風韻的家庭餐廳

走上兩階的高度，一整面古樸的酒紅色玻璃牆映入眼簾，迷人的歐洲小酒館風情油然而生。水泥粉光的地面，鑲嵌復古花磚拼出好看的帶狀圖案，廊下懸掛一整排工業風燈飾，在人來人往的仁愛路商圈相當醒目，來客也能透過開闊的窗欣賞流動的街景。

圖圖片提供©KC DESIGN

106

材質｜水泥、花磚

107

材質│水泥粉光、鐵件

107

溫潤木質形塑居家溫馨

希望營造有如居家的溫馨感，因此選用溫暖又觸
感溫潤的木素材做為外觀立面表現，並以不規則
的矩型安排，時而開窗時而內凹收納，創造視覺
變化與趣味；高起的平台以鐵件圈圍出植栽專屬
空間，營造有如居家小庭院的溫馨。圖片提供 © 就
愛開餐廳

108

綠意掩映古樸玻璃櫥窗

店名靈感來自人們吃到美味食物時，喉頭不自覺
會發出讚嘆狀聲詞的 Nom Nom，座落在幽靜的
老街區巷弄裡，外觀面寬達八米，原始老舊的鐵
捲門在店家接手後，改造為能見度佳的鐵件玻璃
結構，安靜的深褐色調，讓人有種時光倒流的懷
舊感。攝影 © 葉勇宏

108

正面外觀│高 300× 寬 800 公分│木作、玻璃、刷漆

CHAPTER 2 吧檯設計

員工和客人都
適宜的最佳尺度

吧檯不只是座位，同時也是主要的工作區之一，除了尺寸、風格、材質的考量外，位置的安排也會影響店裡的動線，因此適宜的尺度與多面相的規劃，才能讓客人和工作人員都舒適好用。

尺寸

109
根據設備品項決定吧檯尺度

不論是咖啡廳或烘焙甜點店、早午餐餐廳等等，吧檯可說是整家店的視覺焦點之一，吧檯的尺度關乎設備品項的多寡，除了咖啡機、甜點櫃之外，如果吧檯也兼具烘焙、輕食製作需求，就必須擴大吧檯的尺度，可能是ㄇ字型或是雙邊型的結構，而像是外帶飲料為主的咖啡店、飲品果汁店，吧檯長度大約會在 210～230 公分左右，以擺設 POS 機、店卡、咖啡機為主。

圖片提供 _ 隱室設計

圖片提供 _ 睿格設計

攝影_Yvonne

攝影_葉勇宏

110
高吧有氣氛，低吧好親近
一般餐飲空間的吧檯有一類為獨立型的吧檯，通常多數會規劃在落地窗前，讓顧客可以欣賞到更好的景致，這類吧檯高度大約會在 110 公分高左右，搭配懸掛一整排的吊燈，達到空間氛圍的塑造。另一種情況是，吧檯既是料理準備區也是座位，如在吧檯前端另外延伸桌面，高度降低至約90 公分，坐起來更為舒適。

攝影_Amily

攝影_葉勇宏

111
檯面深度視吧檯功能而定
假如是販售飲料和輕食為主的餐飲空間，檯面深度或許可以縮減至 25 ～ 30 公分左右，但如果販售的餐點是套餐形式，食物再加上餐盤的使用，又或者是吧檯前預備有座位的情況，檯面深度建議至少要達到 40 ～ 60 公分左右，甚至也許應減少吧檯座位的設計，避免客人用餐的不適感。

材質

112

作業區以防水耐用材質為佳

摒除純座位式的吧檯,吧檯材質選用上,內側作業區必須要以防水、耐用、耐燃為主,檯面最好也要使用耐磨材質,不鏽鋼是外帶飲品店最常使用的選擇之一。吧檯上若有電器設備,耐燃材質是最好的,例如:人造石、美耐板等,如果是冂字型吧檯,一側吧檯沒有任何餐點製作功能的話,則可以無須考慮清潔實用性,混搭其他材質創造個性,另外,吧檯內側地面建議也要選用防滑材質較為安全。

圖片提供_鄭士傑設計有限公司

攝影_葉勇宏

攝影_葉勇宏

113

吧檯座位著重舒適觸感

有座位功能的吧檯,在桌面材質的選擇上,建議以木皮、實木或是具有實木刻痕凹凸面的美耐板為主,觸感較為舒適,同時也兼具好清理保養的優點。

圖片提供 _ 隱室設計

圖片提供 _ 賀澤設計

傢具

114
傢具風格取決於空間主軸

吧檯桌椅的風格和款式，基本上從空間設計去做
延伸，通常不會有太大的問題，但要讓材質、色
調有統整性，舉例來說，野營咖哩的主軸是露
營，所以設計師特別訂製一張有著露營三角架概
念的吧檯桌，桌面結構也是鍍鋅材質，呼應露營
情調的原始感；又好比儲房咖啡館走的是自然戶
外調性，因此吧檯椅以木頭搭布質椅面，帶出溫
暖氛圍。

圖片提供 _ Design Butik 集品文創

115
椅背款、可升降讓吧檯更好坐

高吧檯最令人擔心的就是坐起來沒有一般餐桌舒
服，尤其是有提供餐點的餐飲空間，也因此，在
挑選吧檯椅的時候，建議可選擇有椅背的款式，
讓身體有支撐，才不用一直彎腰駝背，同時也可
以選擇具有高低升降的功能，就能符合各種身形
的顧客使用。

116

狹長空間安排在中段最精簡人力

狹長空間若將吧檯安排在基地最深處，由於距離入口太遠，因此難以招呼進門或者是外帶的客人，因此建議此時可將吧檯安排在空間中段位置，空間因此可略做區隔，站在吧檯時可同時注意內用客人服務需求，又方便招呼外帶客人，也藉此可精簡人力。

攝影_Amily

攝影_葉勇宏

攝影_葉勇宏

117

分開安排強調各自功能

由於吧檯經常會扮演廚房出餐前的確認工作，因此吧檯、廚房兩者幾乎會被安排在鄰近位置，但當店面面寬不足又過於狹長時，兩者同時安排在後段位置，反而不便於服務客人，因此此時可把吧檯位置往中前段位置挪移，整合吧檯與接待客人工作，外場人員則從廚房單純出餐即可。

118
挪移出餐動線方便吧檯工作

廚房出餐口安排在吧檯位置雖然方便，但在出餐時外場人員需進到吧檯內取餐，此時若吧檯區寬度不夠，就很容易與吧檯手相互碰撞，不僅危險也造成吧檯區擁擠，因此建議將廚房人員出入口設置於吧檯內，平時廚房人員不常出入，因此不影響吧檯工作，出餐口可拉至廚房側牆位置，動線分流解決吧檯區擁擠狀況。

攝影_葉勇宏

攝影_葉勇宏

攝影_葉勇宏

119
安排在空間最顯眼位置

不可或缺的吧檯佔據了絕大多數空間，與其想隱藏其存在感，不如順勢安排在一入門最顯眼的位置，讓吧檯自然成為空間裡的視覺焦點，不過若是有此想法，在設計上需多花巧思，才能讓人一進門就有驚豔感。

120

120
杉木吧檯呼應自然氛圍

Fujin Tree 353 咖啡館除了販售咖啡，也提供輕食、手工甜點，ㄇ字形吧檯幾乎佔據一半以上的空間，立面選用無任何加工處裡的杉木作立體貼飾，與店內傳遞的自然感不謀而合。一側檯面考量實用性選擇不鏽鋼材質，另一側則延續木質基調，約莫 100 公分的高度也讓整個開放式格局更為通透開闊。圖片提供 © 鄭士傑設計有限公司

21

材質｜木夾板

122

材質｜實木皮

123

材質｜舊木、油漆
傢具｜R SKASA

121

吧檯座位解決走道空間不足問題

考量到空間行走順暢，因此面窗位置以吧檯式座位取代二人一桌的座位，不只讓座位更有彈性，面窗而坐也讓人感覺更為愜意；桌面使用木夾板，雖然材質簡單卻也和這間店的質樸調性一致。攝影 © 葉勇宏

122

善用畸零角落，創造更多使用空間

一入門就能看到開放式的中島和工作區，運用中性藍鋪陳櫃體和牆面形成一體，清楚劃分工作區和座位區。側面的短牆也不浪費空間，設置高腳吧檯桌，與其餘座位區形成錯落有致的視覺效果。攝影 © 葉勇宏

123

原木復古元素散發文青 fu

儲房咖啡館大多保留老房子既有格局，在通往後方座位的過道上，另闢出適合一人、熱戀情侶使用的高腳桌，桌面是舊木回收再利用，特殊的吧檯椅則是台灣設計品牌 R SKASA。鏽鐵般的椅腳，加上樸實的水泥粉光地面與復古檯燈佈置，打造出文青 fu 的用餐角落。攝影 ©Amily

124

材質 | 人造石、木料

124

4 米長吧檯整合烘焙、咖啡製作與花藝

店內有獨立廚房，烘焙、咖啡飲品以及花藝便整合在長達 400 公分的吧檯，高度縮減至 90 公分，以便花藝設計師工作使用，也提供座位功能。吧檯後方牆面運用鋁板洞洞板材料，作為收納花藝工具與餐具等使用，既實用也更有生活感，而立面的木料拼貼呼應店主人對自然的喜愛，大尺寸設計與吧檯尺度更為吻合與大器。攝影 ©Amily

125

面窗吧檯營造小酒館般愜意感受

市區巷弄的一樓空間以落地窗引入光線，同時交流咖啡廳及街道的內外景致，內部窗邊設置單人吧檯座區，營造出小酒館的氛圍，讓獨自前來的消費者能面窗賞景，感受不被打擾的愜意氛圍。圖片提供 © 直學設計

吧檯 | 樺木夾板 | 長 167× 寬 40 公分

材質｜舊木

吧檯：杉木板　長 300 × 寬 80 公分

126
二手木料拼接手感吧檯

考量到廚房出餐動線，因此將工作吧檯安排在鄰近廚房一道牆的位置，方便工作人員隨時了解廚房出餐狀況，也縮短製作飲料、點餐、結帳工作動線。吧檯以老木拼接而成，刻意不做太多修飾，讓舊木的原始狀態，訴說著過往曾經輝煌的歷史。攝影 © 葉勇宏

127
木箱坐椅創造隨興氣氛

在窗邊規劃戶外露天用餐區，形成內外的視野互動，建物外觀加入仿舊木板材添入度假況味，並於外牆妝點暈黃壁燈，營造有別於室內的微醺氣氛，且捨棄制式傢具，改用木箱作為坐椅，打造隨興感的創意表現。
圖片提供 © 大砌誠石空間設計有限公司

128
化阻礙為優勢，利用樑柱創造吧檯座位

空間裡有無法避開的大型柱體，為了充分利用空間，順著柱體形狀規劃能容納 9 人的吧檯式座區，多元的座位形式充分對應不同的消費族群。圖片提供 © 直學設計

吧檯｜樺木夾板｜長 171.5×寬 40 公分

129
融合多元風格增加視覺豐富性

規劃於空間內部的吧檯區域結合現代、古典與復古，天花板與吧檯設計各自使用線板、鍍鋅浪板做出立體層次，不鏽鋼吧檯則兼具實用考量，同時整合餐具收納與甜點冰櫃，搭配藍色琺瑯吊燈，帶出空間的豐富性。圖片提供 © 隱室設計

材質｜線板、不鏽鋼、鍍鋅浪板

130

吧檯　約高 100× 寬 150 公分　材質｜杉木、木夾板、護木油

130

原木打造釋放溫暖療癒氣息

整體空間以溫暖的木料為主材質概念，吧檯區也
以杉木、木夾板等木素材打造，為了讓一樣的木
有更多不同變化，以有色護木油將木材上色，再
把深淺不一的木材拼貼成吧檯立面，形成吧檯區
的視覺特色，背牆以單純木夾板貼覆，延續空間
裡不使用過於華麗材質的質樸本色。攝影 © 葉勇宏

131

面窗單人座位區讓一人用餐也很自在

為了讓座區空間富有變化，除了安排一般 2 ～ 4
人的座位之外，更沿著牆面規劃面窗的單人座位
區，即使一個人單獨前來用餐，也可以擁有安靜
不受打擾的角落。圖片提供 ©for Farm Burger 田樂

吧檯　長 250× 寬 40 公分　合板

133

復古工業吊燈 | 鋼材烤漆、E27 愛迪生燈泡 | 約 NT.1,520 元 / 盞
工業風吧檯椅 | 約 NT.2,250 元 / 張

132

132+133

金屬單椅襯托工業風

吧檯高度以一般顧客能倚靠的 125 公分高度為主，椅子則未限定高度，以金屬材質、線條簡單為首選，也能和工業風空間相呼應。圖片提供 © 睿格設計

134

彩色吧檯形塑視覺焦點

吧檯量體加入充滿個性的彩色圖紋，形塑視覺焦點，吧檯區後則配置大面收納櫃體用以陳列杯子餐具等，滿足收納之餘，也讓墨綠色牆面多了美觀的展示作用，且在天花板懸掛高低錯落的裸露燈飾，搭配黑色鐵件單椅，添入復古 Loft 調性。圖片提供 © 大砌誠石空間設計有限公司

吧檯 | 長 300× 寬 80 公分 | 不鏽鋼、杉木

135

貼棒　長150x 寬40公分　木

136

137

135+136

櫃檯正對入口提升人員對應效率

1 樓空間為對應老房子格局及管線位置，無法再配置接待櫃檯，因此改造原本的 2 樓後陽台，將入口往上挪移，將櫃檯正對入口的設計，考量到人力需求，服務人員能同時進行點餐、等候帶位及飲料製作等工作。圖片提供 ©for Farm Burger 田樂

137

木收銀檯溫暖了工業風

以栓木貼皮打造的美式造型收銀櫃檯，除了具掩飾檯面下工作雜物的效果，櫃檯外觀的木感材質在水泥色與不鏽鋼質感的空間中顯得清新、溫暖，而搭配黃銅仿舊吊燈則更有療癒感。圖片提供 ©reno deco 空間設計

138

吧檯｜鋼材燒焊烤漆、天然花崗石、木材

138

花崗石＋木紋 混搭風情

位於作業區的金屬吧檯椅，為符合吧檯設計，因此提升高度，搭配以深色花崗石作為檯面的設計，加上立面的木紋，雖為不同材質整併，但只要在色系上做調和，也能達到和諧的感受。圖片提供 © 睿格設計

139

釋放濃濃昭和風情的卡布里檯

座落店內正中央區域的卡布里檯，是這類日式料理店的機能與精神軸心，以 L 形延展的巨大量體，可容納多位來客並肩齊坐，同享大廚現做的美味料理。而能在第一線觀賞廚師們優雅的烹調動作，也絕對是味蕾之外的另一重享受。圖片提供 © 游雅清設計

139

雙層卡布里檯｜長 831× 高 75× 寬 45 公分｜木作貼皮

140

140

降低吧檯度增進與消費者互動

低檯度的吧檯結合料理檯，局部以玻璃阻隔烹煮時產生的油煙，半開放式的設計不僅能讓主廚在消費者面前展現精湛的廚藝，也能近距離與消費者互動，厚實的集成實木材質讓義式餐廳呈現親切的現代風格。圖片提供 © 潘子皓設計

141

區分櫃檯及作業區維持空間整潔感

客群鎖定為上班族女性，希望呈現簡潔清爽的空間感，因此將製冰及打果汁等作業安排在獨立廚房，面對消費者的櫃檯單純只作為收銀及點餐使用，使整體空間能保持乾淨不雜亂的視覺感。圖片提供 © 逸喬設計

櫃檯｜長 192（含活動門）× 寬 60 公分｜木作 烤漆、鏡面

材質｜人造大理石、鋼烤白漆

142

閃耀雍容的流暢平台

以純白人造大理石、鋼烤白漆打造檯面，結合用餐吧檯與工作櫃檯，形成呵成一氣的流暢平台，使顧客可坐於此處貼近觀賞製餐流程，獲得新穎的視覺體驗。餐椅則採金屬結合透明塑料材質，添入科技時尚的氣息。圖片提供 © 十分之一設計

143

磚牆與原木打造不做作美式鄉村

一進門即引人注意的吧檯，材質選用棧板，特意染成較深的木色，是為了讓空間更為沉穩、內斂，隨興的拼貼手感和紅磚背牆則讓人感受到質樸、不造作的美式鄉村風，點餐取餐也因此多了份讓人安心的溫馨感。攝影 ©Yvonn

142

材質｜棧板、紅磚

144

吧檯｜長 300× 寬 40 公分｜合板

144

單人座區營造多種用餐感受

牽就老房子原本樓梯及廁所位置，並考慮到管線位置，將廚房配置於 1 樓，其餘空間則分配給座位區，由於室內坪數不大，除了配置 2 ～ 3 人的座位之外，鄰窗部分規劃單人座區，以滿足不同的來店消費客群。圖片提供 ©for Farm Burger 田樂

145

不設吧檯椅，不侷限可能

高 1 米 2 的美耐板材質吧檯，不僅能阻擋內部工作雜物，也能擺放飲品。刻意不放置吧檯椅，讓空間能有更多的變化可能。圖片提供 © 禾境室內設計

145

吧檯｜美耐板木板、單色胡桃美耐板、三尺人造石
｜整組約 NT.78,000

146

吧檯｜回收老木料拼貼｜寬 250×深 450×高 85 公分

146

茅草＋啤酒布招＝輕鬆的自然休閒感

店中央的卡布里檯本身具備多重機能，既是實用的用餐區，也分段安置必須的檯面冷藏櫃及檯面下的冰箱、水槽、烤箱、工作檯等機能，利用檯面的高低差整合出完善的工作軸線，外部則以茅草、啤酒布招等元素，營造輕鬆小酌的悠閒感。圖片提供 © 游雅清設計

147

粗獷材質打造工業感舞台

吧檯位置安排在狹長空間的中段位置，是為了在最精簡人力的狀況下，店長可同時招呼外帶客人又能隨時掌控店裡客人狀況；吧檯量體結合松木板及鍍鋅鐵板，不再多做修飾，讓木與鐵的原始肌理，自然架構出一個極具手感的工作吧檯，呼應咖啡、甜點的手作概念。攝影 ©Amily

147

材質｜松木板、鍍鋅鐵板

148
展示櫃｜木作貼皮，高 240×寬 145×深 40 公分

149
材質｜黑鐵

150
材質｜老木實木皮、花蓮石、大口磚

148
靜謐質樸的懷舊風情

配合長形街屋格局，設計師以中央過道來定位兩邊的長吧檯區、燈光展示櫃以及另一邊的客座區，整個天花板皆以紋理溫潤的木質包覆，巧妙將原有結構樑化為仰角造型層次的一部分，兩側牆面融入立體格柵語彙，帶出優雅靜謐的日式風味。圖片提供 © 好蘊設計

149
半開放窗景吧檯製造悠閒步調

設計師將部分座位區直接整合在門面規劃，藉由高腳吧檯桌面與活動窗戶設計，帶出緩慢悠閒的咖啡時光，在獨立之餘亦有親近戶外的感受，夏季可將窗關閉維持空調運作，冬天時則可打開有助通風，也讓室內延伸更為通透開闊。圖片提供 © 力口建築

150
具台味人文的歐風吧檯

白色大口磚搭配老花蓮石裁切做成的踢腳板，這看似新穎的歐風吧檯立面，其實建材相當具有老台味，搭配店面內部的老木裝飾主牆更有人文感。另外，燈光為因應挑高的天花板而採用工業風吊燈，並在麵包區使用暖色光源，藉以暖化櫃檯區 LED 冷光源的空間感。圖片提供 ©reno deco 空間設計

151

材質 | 水泥粉光 | 傢具 | Nicolle Chair

151

黑鐵語彙展現俐落感

座位安排因應基地的不規則結構，設計師利用側邊長形窗景規劃一整排吧檯座位，由於店內販售主要以咖啡為主，因此將桌面深度縮小，加上細膩的黑鐵桌腳設計更為現代俐落，一方面因應黑白基調選搭來自法國的 Nicolle Chair，讓傢具與空間更有整體感。圖片提供 © 隱室設計

152

原始材料呼應咖啡純粹本質

以純粹的水泥打造吧檯，呼應店長專注於咖啡品質的精神，另以不鏽鋼板檯面強調空間裡的輕工業風格，呈 L 形的吧檯設計則順應工作動線，後段安排座位方便客人與沖泡咖啡的店長聊天，前段則便於點餐與結帳，工作區域劃分清楚，就算兩人同時在吧檯也不顯擁擠。攝影 © Yvonne

152

材質 | 不鏽鋼板、水泥
吊燈 | 約 NT.2,600 元 | 吧檯椅 | Steelwood stools | NT.15,000 元

153

材質 | 回收舊木・黑鐵

153

粗獷舊木傳遞餐廳環保理念

Miss Green 不僅訴求身體環保，連傢具也採用回收舊
木製作。鄰近落地窗的位置順著窗形規劃吧檯座區，
即使單獨前來用餐的客人也能欣賞戶外窗景，自在用
餐。保留紋理質感的回收舊木桌面，呼應著品牌追求
自然環保的精神。攝影 ©Amily

154

多功能ㄇ字中島吧檯

兼營麵包與餐飲的複合式餐廳內，吧檯除了兼備結
帳、包裝、切割麵包與試吃等功能，同時也有工作吧
檯的需求，為了滿足所有機能，採用ㄇ字形中島設計
來擴大內部工作區，可容納 3～4 人同時工作。圖片
提供 ©reno deco 空間設計

檯面冷藏櫃 | 金屬玻璃 | 長 180× 寬 75 公分

155

根據作業檯面及設備量身打造吧檯

餐廳提供種類豐富的健康蔬食，因此少不了各式烹飪爐具、洗檯及冰櫃，吧檯尺寸配合後方料理檯面大小，並能容納 2～3 人同時作業，靠近入口處的位置兼具收銀功能，在備餐時也能隨時招呼客人。吧檯上方以黑鐵製作的層架，則能增加收納功能。攝影 ©Amily

156

鍍鋅三角桌腳呼應野營主題

面臨落地窗區域規劃為吧檯座位區，吧檯桌以鍍鋅材質做出桌面框架，三角支架桌腳呼應露營主題，搭配復古白色磁磚桌面，現代簡約中帶有些微的工業基調。除此之外，佈置上圍繞著野營主題，牆面特別找來舊木箱搭配露營用具做擺不設，並在每個舊木箱上設計專屬 logo 與圖騰。圖片提供 © 隱室設計

155

材質 | 木作、鏡面

156

材質 | 鍍鋅板、磁磚、舊木箱

157

吧檯　木作長 450× 寬 1800 公分

157

1 人經營薄餅小店寬敞吧檯作業好自在

法式薄餅小店提供簡單的輕食及飲料，需要寬敞的吧檯放置各種冰箱、咖啡機、烤箱及爐具等工具設備，同時也在吧檯搭配幾張高腳椅，為熟悉的常客留下近距離聊天互動的位置。攝影 ©Amily

158

開放中島吧檯製造家的氛圍

1315 咖啡館除了販售咖啡還有多項輕食可選擇，設計師落實吧檯結合廚房的概念，打造出像家一樣的中島吧檯，開放式的餐點製作，也拉近與客人的距離，加上管線重新配置關係，中島吧檯因而架高地面，餐點製作順勢成了一場料裡表演，而一側吧檯則刻意延伸較低的桌面，成為一人座位最佳的選擇。攝影 ©Amily

158

材質：楓楓木

159
自然互不打擾的合宜尺度

由於空間不大,因此除了座位區外,吧檯也另外附設座位。純粹黑色為主的吧檯,強調極簡線條設計,並與空間裡的白成為強烈對比;略高的立面設計,刻意將工作區與客人隔開,讓店員可以專心工作,客人則能在不被打擾的狀況下,享受一個人的寧靜。攝影 © 葉勇宏

160
縮短檯面寬度爭取客座數

利用吧檯形式座位,增加座位數,縮減吧檯檯面寬度,維持走道舒適行走寬度,漆上中性明亮色系淡化牆面冷硬印象,輔以壁燈營造溫馨感,讓客人即使是面牆用餐,也不至於感覺被冷落,或者有面牆的壓迫感。圖片提供 © 賀澤設計

159
傢具 | 日本學校椅

160
吧檯 | 寬 40 × 長 420 公分 | 厚皮大干木 | 牆面 | 茶玻、漆料

161

材質｜水泥粉光、超耐磨地板、木作

材質｜玻璃

163

吧檯｜膠合清玻璃｜長 354× 寬 45 公分

161　大面黑牆創造對比視覺效果

咖啡熊手工烘焙咖啡館以外帶為主，因應空間尺度將吧檯區予以放大，並整合咖啡豆與掛耳包陳列、冰箱設備等等。正面採用空心磚、層板設計，擺放著店主人每天新鮮烘焙的豆子，後方牆面特別選用與水泥、木作色調有強烈反差效果的黑色刷飾，未來店主人也準備邀請藝術創作者加入彩繪，讓空間更豐富。攝影 ©Amily

162

古董櫃變 MENU 與設備、外帶檯

曾旅居國外的店主人，期盼以美國東部餐館氛圍打造第二家店，整體基調以美式工業風格為主，吧檯區包括生熟食、飲品冰櫃；令人驚喜的是，店主人將古董櫃拆開來使用，上櫃安排於吧檯後端結合咖啡飲品菜單，下櫃部分則作為咖啡機設備的擺放，而下櫃外側本身的抽屜就是放置外帶餐具絕佳的收納地方。通往二樓的樓梯以鐵件語彙帶出工業風氛圍，穿透視覺降低小空間的壓迫感，搭配各式紅酒瓶裝飾，成為店內獨具風格的畫面。攝影 ©Amily

163

框架建構堆疊秩序感

運用框架建構吧檯區主題，採白色搭配黃色定調，帶出明亮活潑的氛圍，並將木櫃以堆疊形式呈現，產生齊整秩序感，同時模糊桌體檯面、高腳椅的輪廓樣貌，將軟件自然融入環境之中，衍生讓人驚喜的視覺趣味。圖片提供 ©JCA 柏成設計

164

白磁磚搭舊木料呈現家的氛圍

走進卡那達咖啡，迎面而來的便是吧檯兼櫃檯，以水泥為吧檯立面的設計看似冷調，然而設計師卻充分揉合舊木料元素，規劃為吧檯桌面以及後方的層架，加上壁面所選用的白色磁磚，讓吧檯呈現有如家一般的溫馨，右側義大利 SMEG 橘色復古冰箱更有跳色的效果。圖片提供 © 隱室設計

165

大面窗景與戶外呼應

由於店面前方視野遼闊，且兩旁行道樹眾多，蓊鬱綠意的美景自然形成，因此採用大面落地窗，讓室內與戶外產生連結，並設立臨窗吧檯，創造閒適抒壓的小角落。考量到用餐需求，加寬吧檯桌深度之餘，桌面也不靠窗，可運用深度增加，不論是餐盤或置物都有足夠的容納空間。攝影 © 葉勇宏

164

材質｜磁磚、舊木料

165

吧檯｜長 230× 高 110× 寬 40 公分｜實木貼皮、鐵件

166

166

冷色系形塑空間寧靜基調

結合藝廊的咖啡館，希望呈現氣質、安靜的空間
氛圍，因此結合冰櫃設計的長型吧檯，立面以老
木帶出手感特質，顏色則染成灰色與周遭的冷色
調做搭配，水泥檯面雖然予人冷硬印象，但與老
木皆是能呈現質樸感的素材，因此雖是相異材
質，卻巧妙藉由顏色與質感彼此呼應。圖片提供 ©
涵石設計

167

材質特性展現吧檯個性

有別於以白及淺色為主的座位區，以接近水泥材
質的水泥板做為吧檯立面，注入些許吧檯手的獨
特個性，配合灰色吧檯量體，選擇顏色深沉的老
木，做為吧檯檯面以及座位區桌面，顏色互搭也
散發讓人放鬆的沉穩氣息。攝影 ©Yvonne

167

材質｜水泥板

168

吧燈｜長 348× 高 78× 寬 49 公分｜實木

168
創造座位極大值

在空間坪數較小的條件下，利用格子窗景打造吧檯區，不僅有效節省坪數，創造座位的極大化，也讓窗景成為店內一大特色。喜愛老件的店主，以愛迪生燈泡作為吧檯區的吊燈，展現復古鄉村特色。攝影 © 葉勇宏

169
後推作業區，視野一覽無意遺

作業區吧檯刻意後推，讓業主能一眼看見所有來到店裡的客人，不僅能和客人打招呼，也能產生情感的連結性。以水泥打造而成的吧檯，也呼應空間裡的工業風調性。圖片提供 © The muds' group 繆德國際創意團隊

169

材質｜水泥

170

材質 集層木

170

臨窗吧檯創造靜謐空間

面對花園的窗戶刻意沿窗設置桌板，打造臨窗吧
檯，引入窗外綠意。而吧檯與座位區以半開放的
隔間區隔，創造半獨立的靜謐空間，不論是獨自
一人或是兩兩結伴都很適合。格柵式的木作天
花，展現原木的溫潤特質，與戶外花園的自然環
境相呼應。攝影 © 葉勇宏

171

藍色吧檯和粉紅吊櫃組合搶眼

使用西班牙磚組成吧檯設計，大膽用色的亮面效
果，讓水泥粉光的吧檯檯面更顯出粗獷質感，玻
璃杯櫃採取封閉式吊櫃，並以粉紅色的色彩形成
更搶眼的幽默效果，也避免飽滿的色彩視覺又有
太多零碎小物件，而顯得過於凌亂失焦。攝影 ©
李永仁

171

172

如窗般折射光線的吊櫃

在中島吧檯中間設有鐵件吊櫃，主要用來區分及稍稍遮掩用餐區與麵包區的視線。吊櫃上的九宮格玻璃板可捲動，如同窗戶般讓光線可產生折射效果，進而可作室內補光之用；另外，吊櫃還有收納與展示功能，是兼具造型美與實用機能的設計。圖片提供 ©reno deco 空間設計

172
吊櫃｜鐵件｜寬 360× 深 40× 高 120 公分

173

多層次光源，創造華麗視覺

融入家中廚房中島概念，藉此拉近調酒師與客人之間的距離，以強烈的黑白條紋大理石做為吧檯立面，輔以間接燈光強調華麗感，讓吧檯成為空間視覺焦點，大吊燈不規則安排形成趣味話題，透出的橘紅色光圈，則讓光源產生更多層次豐富空間感受。圖片提供 © 涵石設計

173
材質｜大理石

174

材質｜棧板、紅磚

174

櫃檯鄰近入口使工作人員輕鬆對應消費者

由於無法更動老房子的樓梯位置，同時遷就原始出水管線，因此將工作櫃檯設置在正對入口處，櫃檯服務人員也能同時兼具接待、點餐及飲料製作的工作。圖片提供 ©for Farm Burger 田樂

175

降低吧檯座位高度更舒適

相較於多數吧檯與用餐結合，多半以高吧檯的姿態呈現，小酒館的吧檯座位特別採取與一般餐桌高度一致的 75 公分，搭配編織椅凳的運用，提供舒適且優雅的用餐環境。地面則是以六角磚與水泥粉光作出區隔，灰色系六角磚並局部加入黑色作圖騰排列，讓單一材料衍生豐富性。圖片提供 © 開物設計

175

材質｜六角磚、柃木、水泥粉光、環氧樹脂、玻璃、鏡件

176

材質｜木棧板｜約 NT.200 元／斤

176

安靜不被打擾的小角落

L 形吧檯較短的這一面，剛好可以安排兩個座位，位在結構柱旁形成隱密角落正適合想要安靜的客人，就算突然想和人聊聊天，也能近距離和工作人員交流，一個人也不會感到無聊。攝影 ©Yvonne

177

金屬焊接的粗胚美感

木質打造的櫃檯內嵌甜品冷藏櫃，但更吸睛的是櫃檯上方金屬焊接的儲物上櫃，店家自行發包鐵工焊接而成的櫃體，特別是焊槍留下的痕跡，為空間注入粗獷的工業風氣息，儘管量體看來相當巨大，不過結構上都有紮實的安全考量，同時也能依據店家不同主題的擺設，發揮極佳的展示效果。攝影 ©Amily

177

多功能櫃檯｜高 131× 寬 470× 深 53 公分｜木作刷漆

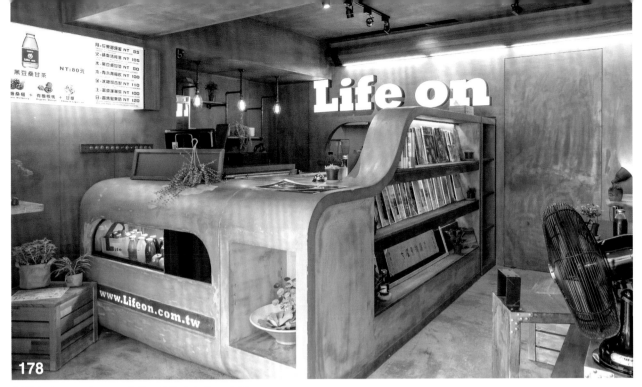

178

Life on

www.Lifeon.com.tw

檯檯｜寬 60× 長 200 公分　材質｜木作、水泥

178

流暢弧形收邊創造水泥親切感

在小坪數空間裡創造出複合式吧檯設計，以對應
各種作業需求，木作外覆水泥的做法創造出流暢
的弧形收邊，使原本應該看起來生硬的水泥材質
展現親和力，吧檯立面除了留出展示冰櫃空間，
也騰出植栽角落增添生命氣息。攝影 © 葉勇宏

179

窗前高檯欣賞流動街景

相較於戶外的炎熱，冷氣清涼的室內絕對是欣賞
街景的好所在，店家特地在大面玻璃窗前打造一
排高餐檯，搭配復古工業風金屬高腳凳，讓來客
可以一邊品嚐店家以在地新鮮食材精心烹調的美
味餐點，一邊欣賞馬路上的熙來攘往。攝影 ©Amily

179

窗前高檯｜高 100× 寬 400× 深 40 公分
材質｜木作、玻件

180

180+181
洋溢手作感的懷舊魅力

入口一進來的飲品吧檯兼櫃檯，同時也具備外帶區機能，因為內部空間真的不大，所以必要的機能得善用最精簡的空間加以整合，透過高低檯面的落差區隔用途，溫馨的木頭質感呼應主題的 Tiffany 藍色系，整體有種淡淡懷舊卻又悠閒愜意的味道。攝影 ©Amily

181

多功能櫃檯｜高 100×寬 210×深 70 公分｜木作刷漆

182

材質｜老木、老窗
吧檯椅｜膝、鐵｜約 NT.500 元

182

老件拼組成的好用吧檯工作區

利用購買自彰化老房子拆下來的老窗，將廚房與
吧檯隔開，同時成了吧檯最吸睛的背景牆，廚房
主要負責烹煮，吧檯則是製作飲料、點餐功能，
因此結帳工作檯和冷藏櫃安排在吧檯旁邊，藉此
延伸吧檯長度形成一個完整、動線順暢的工作區
域，吧檯和工作檯立面拼貼老木材，利用材質統
一易顯雜亂的工作區視覺也呼應空間裡的復古氛
圍。攝影 © 葉勇宏

183

有如懷舊雜貨店的工作櫃檯

主要作為點餐、出餐、結帳之用的工作櫃檯，是
店主人親手打造，利用原木色和白色壁板營造鄉
村風格，玻璃櫃兼具展示功能，搭配黑板手寫菜
單及店主人蒐集的老鐘舊物擺設，讓空間更具懷
舊復古的魅力。攝影 © 葉勇宏

183

吧檯　實木貼皮

184

材質｜杉木、集成木皮、文化石

184

木質吧檯營造清新質感

吧檯空間加入杉木、集成木皮和文化石等建材，營造清新自然的空間質感，並在吧檯後方以淺色杉木板材為背景，嵌上展示層架，讓杯盤形成牆面裝飾，而吧檯前方則規劃整排座椅，打造顧客、店家密切互動的用餐體驗。圖片提供 © 芽米空間設計

185

俐落線條設計結合櫃檯與吧檯

利用造型線條帶動櫃檯與吧檯關係，同時呼應天花板折線設計，成為空間最重要的表演舞台，高低落差的設計能同時對應櫃檯與吧檯各自使用機能，右側吧檯部分以單支鐵件作為結構支撐的桌腳，使整體造型更為俐落輕盈。圖片提供 © 蟲點子創意設計 + 室內設計工作室

185

櫃檯｜長 300× 寬 80 公分｜實木皮
吧檯｜長 200× 寬 60 公分｜實木皮

吧檯｜長約 300× 寬 60 公分｜木作、鐵皮

吧檯｜約長 400× 寬 40 公分 材質｜系統板材、實木

材質｜木作

186

金屬材質包覆表現道地紐澳良風格

提供道地紐澳良美食的餐廳，餐點種類豐富多元從濃湯飯到鬆餅、炸雞都有，廚房根據菜色規劃備餐動線，內吧檯區扮演擺盤及出餐的工作，外部則利用延伸平台放置醬料、餐具及菜單等。吧檯表層以鐵片包覆，上方也以黑鐵訂製的層架裝飾，呼應紐澳良的粗獷調性。攝影 ©Yvonne

187

木質吧檯型塑居家溫暖感

利用深木色打造吧檯，呼應內斂、沉穩的空間氛圍，在工作高吧前方擺放實木打造而成的吧檯，實木吧檯帶入手感，檯面則增加溫潤觸感，而也因為多了吧檯座位，而讓客人與店主有互動的機會。攝影 © 葉勇宏

188

抽屜式活動桌面創造彈性座位區

為了在有限空間創造更多、更舒適的座位，吧檯側邊規劃為書牆，提供許多生活設計類雜誌給顧客閱讀，書牆裡更暗藏巧妙玄機，這裡以抽屜為設計概念，利用書架層板厚度設計活動式桌面，成為可靈活運用的座位區，也不影響走道進出。攝影 © 葉勇宏

189

189+190

面窗單人座，獨享一個人的愜意

復古木格窗不只有絕佳採光，懷舊木窗也為空間增
添懷舊氛圍，窗與窗之間的樑柱以質感溫潤的柚木
拉齊線條，並順勢成為吧檯座位的桌面，交互搭配
靠背式吧檯椅和高腳椅凳，豐富視覺變化及客人選
擇，座位附近皆設置插座，也是貼心考量到一個人
的客人多會有利用電腦工作的需求。攝影 © 葉勇宏

190

191
材質｜清水磚、杉木、木夾板、護木油
吧檯高｜NT.5,000

吧檯｜長約 180 公分｜木貼皮

191
平台設計強調與客人互動

材質維持簡單不做太多修飾，因此吧檯背牆採用簡單的木夾板染深營造視覺焦點，量體則以清水磚結合杉木打造而成，採用平台式設計，減少高式吧檯給人的壓迫感，藉此拉近和客人的距離，也方便店長可以隨時觀察各個座位區的動態。攝影 © Yvonne

192+193
不只點餐功能，更是料理舞台

小小的店裡，吧檯勢必成為空間視覺焦點，因此以木作為主要視覺，型塑空間裡的溫暖調性；將主要作業區安排在 L 型吧檯落地窗一側，一方面是滿足老闆想在陽光充足的地方做菜的期望，另一方面也有展示效果，藉此讓客人對他們料理與食材的把關更為安心。攝影 © 葉勇宏

194
加寬吧檯面寬更好用

一個人的客人大多會選擇吧檯位置，考量到這類型客人多數有帶筆電工作的習慣，因此特別加寬吧檯深度，讓每個坐在這裡工作上網的人，不只能享受最好的陽光，也可以有更寬敞的空間使用，吧檯椅選擇觸感舒服的木材質，則是增添吧檯座位舒適的貼心安排。攝影 © Yvonne

195
展現材質未經琢磨的大然本性

沿用外觀鍍鋅浪板打造吧檯立面，讓金屬的冰冷質感與冷調的空間氛圍相呼應，使用時經常接觸到的檯面，則選擇觸感溫潤的舊木，兩者冷暖調性雖然衝突，但同樣具有會隨著時間留下歲月痕跡的特質反而意外合拍。攝影 © 葉勇宏

194
材質｜杉木

195
材質｜鍍鋅浪板、舊木

196
木製櫃台｜長 395× 寬 85 x 高 110 公分｜夾板

197
材質｜ H 型鋼、水泥粉光

198
材質｜ H 型鋼、鐵片

黑白對比搭配金屬的個性主義
黑色裸式天花板、局部貼上白巧克力磚的造型牆，以及刻意刷舊營造質地斑駁的 PVC 地板，讓空間處處顯露隨性自由、不做作的味道，而燈具、風扇、用來兼作屏風的金屬格架與吧檯高腳椅等等，點狀散置的金屬風味讓空間性格表露無遺。圖片提供 © 地所設計

197
節省空間又能維持客席數
希望盡量留出空間感，加上原本房屋面寬也窄，因此在靠牆面增設吧檯座位，利用 H 型鋼做為基礎支架再放上深色木板做為檯面，雖然厚實卻別具特色，由於臨近入口落地窗，坐在這裡的客人也不會有面牆而坐的壓迫感。攝影 © 葉勇宏

198
粗獷金屬形塑重度工業感吧檯
呼應空間裡濃厚的工業風，吧檯以 H 型鋼和鐵片架構而成，以 H 型鋼和鐵片的本色原色呈現，強調原始感，檯面選用紋路明顯、顏色較深沉的木貼皮搭配，並在吧檯上方以木作打造鄉村風外推窗，雖無實際用途但卻意外讓粗獷吧檯增加些許有趣的元素。攝影 © 葉勇宏

199

平台式設計拉近與客人距離

以白色磁磚形塑吧檯區簡潔印象，檯吧選用木素材並加寬檯面寬度，打造成容易與客人互動的平台式吧檯，藉此也替整個料理區營造出沒有距離的溫暖感受，為防止料理或煮咖啡時的咖啡渣落到客人用餐檯面，另外以黑玻架高約 20 公分做遮擋功用。攝影 © 葉勇宏

200

結合冷暖元素的搶眼主角

以結合冷暖元素做為吧檯設計發想，火烤、染色的杉木形成吧檯立面，火烤特殊效果極具視覺張力，略深的木色則替空間注入沉穩感，與溫暖木素材相反的白鐵板是檯面主要材質，利用金屬元素強調工業風個性，同時也符合使用時的清潔便利性。攝影 © 葉勇宏

199

材質｜黑玻、磁磚

200

吧檯｜高約 90 公分｜杉木、白鐵板

201
多功能櫃台｜高 87×長 486×深 65 公分｜木作、鏽鐵

202
靠窗長檯｜高 75×寬 400×深 45 公分｜木頭、鐵件

203
材質｜木貼皮

201

鏽鐵與木料共譜材質對比

一進門迎面橫向發展的多功能吧檯，算是店裡最主要的機能場域，因為空間不大加上區域租金高昂，在設計上更要精算尺寸。為了呼應涼糕產品的精緻與獨特，吧檯底座採鏽鐵與木作貼皮共構，呼應空間主要的鐵灰基調，後方的 MENU 牆搭配抹茶綠與燈光，感覺自然又清爽。攝影 © 葉勇宏

202

回收舊建材再利用

由建築師主導的店內空間相當注重綠能環保，天花板不作多餘包覆，讓裸露的力霸鋼架在空中展現令人懷念的經典線條，地坪使用近幾年很受歡迎的水泥粉光工法，並在靠窗的區域搭配舊建材回收再利用的木地板鋪設，可以適度區隔動線，也讓空間增加層次變化。攝影 © 葉勇宏

203

加入亮面材質降低沉重感

整個採用深色木貼皮感覺過於沉重，因此中間加入亮面質感材質，利用亮面反射特性降低量體沉重感，選用黑色不叫尺寸和木色做些微色系搭配，雖和廚房緊鄰但考量吧檯有結帳、製作飲料等功能，廚房出餐安排在側牆位置，避免吧檯區和出餐動線重疊而過於擁擠。攝影 © 葉勇宏

204
材質｜文化磚

204

輕淺配色打造輕巧吧檯區

除了製作飲料外，還需有煎烤鬆餅的位置，因此將多種機能整合在吧檯後，吧檯寬度幾乎等同於空間面寬，量體過大選用深色系容易顯得沉重，因此以淺木色拼貼成吧檯立面，背牆則搭配白色文化磚，利用淺色搭配提昇吧檯區輕盈感，讓體積過大的吧檯不至於有壓迫感。攝影 © 葉勇宏

205

木框將吧檯獨立成個人小角落

以杉木打造一個大型木框框住落地窗位置，形成有如畫框效果，也成功引導店裡客人視線望向細心設計造景的小庭院，從而感受到都市裡難得的綠意閒適感受；另外在此區增設吧檯座位，與座位區有明顯區隔，很適合一人悠閒地享受陽光和咖啡。攝影 © 葉勇宏

205
材質｜杉木

206

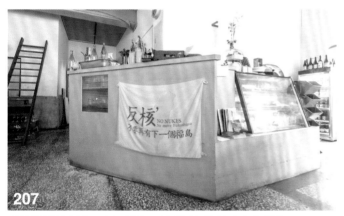

207

多功能檯台｜高 125×寬 523×深 60 公分｜木作訂製

208

材質｜老木

206+207
留住時間的痕跡與味道

店家不僅每日新鮮手作各式餐點非常多才多藝，店裡的吧檯、桌椅，泰半都是老闆發揮木工長才，花時間親手打造的成果，其中配合動線轉折特製的吧檯，涵蓋工作區、外帶區、冷藏櫃、收銀檯等機能，同時可以清楚掌握店內所有動靜，吧檯外觀也同樣遍佈時間的痕跡，舊得很有味道。攝影 © 葉勇宏

208
多彩拼貼懷舊復古風味

入口處的吧檯不只是工作區，同時也是空間裡重要的視覺焦點之一，大量選用帶有顏色的老木拼貼成吧檯，並採用凹凹槽開拼貼方式，讓平面素材變得更立體，安排在檯面下的間接燈光，讓視線聚焦同時也形塑料理區的溫暖氛圍。

攝影 © 葉勇宏

209

209+210
以台灣在地「古早雜貨店」作為空間主題

雖然主要販售商品是時髦的巧克力，不過店家與設計師腦力激盪的結果，決定以台灣在地的「古早雜貨店」作為空間主題，包括背景牆上幾何木格子堆疊的展示區、冷藏櫃裡的繽紛巧克力，以及入口附近以彈珠檯發想的端景牆面等等，都充滿懷舊「柑仔店」的歡樂氣息。攝影 © 葉勇宏

210

櫃台｜高 120× 長 340× 深 70公分
高吧｜高 106× 長 184× 深 46公分｜木作

211
材質｜木作、磁磚

212
吧檯｜長 385X 高 125 公分｜實木、鐵件

213
材質｜木、鐵件

令人印象深刻的白色磁磚吧檯

整齊貼滿白色磁磚的吧檯成為空間搶眼特色，與斑駁水泥牆面形成強烈的對比，搭配金屬水管製成的桌燈，自然而然傳遞出一種新時代中的懷舊氛圍，較低的桌面打破一般吧檯印象，打造出不被打擾的獨享座區，為了展現專業咖啡機而刻意降低吧檯中央高度，更突顯咖啡館的自我風格。攝影 © 葉勇宏

以吧檯圍塑集中工作動線

以咖啡烘焙工作室為概念的店面，最主要的工作場域集中在吧檯區，從烘焙、沖泡到招待客人，都在同一條動線上。吧檯部分檯面運用鐵件包覆，暗示接待、收銀的區域。整體吧檯選用實木製作，外觀選擇多節眼的實木，呈現豐富層次；內部工作區則採用素樸的表面，展現乾淨俐落的風格。攝影 © 葉勇宏

坐在吧檯享受慵懶心情

吧檯剛好橫跨牆與落地窗，客人可隨心情喜好選擇面牆或者面窗而坐，材質選用老木與鐵件，傢具也選擇有鏽感的工業風傢具，利用金屬與手感材質形塑輕調工業風。圖片提供 © 就是愛開餐廳

多功能櫃台｜高 85×寬 390×深 65 公分｜木材貼皮

214

清爽木質流露白樺林的清新

兩位年輕女孩遠赴法國拜師學藝，學成返國後一起經營的「稻町森」法式甜品鋪，在當地傳統街區內算是很新穎的消費選擇，而多款每天現作的法式糕點不僅外型漂亮，口感也相當精緻而多層次，店內空間與硬體都以白色系為主，搭配淺木色的櫃檯，整體感相當明亮舒服。攝影 © 葉勇宏

215

方便工作兼具展示效果

客人進來第一眼就會看到白色吧檯，因此將面向入口這面安排成糕點展示區，利用清透玻璃阻隔灰塵，減少工作人員開闔蓋子次數又能清楚展示，較長一面是飲料製作區，與服務客人選用糕點動線不重疊，再忙也能順暢完成各自的工作。攝影 © 葉勇宏

215

材質｜線板、玻璃

216

216

斜切設計解決空間侷促感

空間面寬不夠又太過深長，考量到招呼客人與
注意客人動態方便性，將吧檯移至長型空間中
段位置，利用斜切設計替空間做出變化，又能
藉此淡化狹隘感，吧檯量體的老舊木料及斑駁
漆面手感，正呼應空間裡濃濃的二手復古感工
業風。攝影 © 葉勇宏

217

吧檯位於一樓保留座位區完整

為避免有過多大型更動，因此選擇將吧檯安排
在一樓，以便接待進門的客人，二樓也因此能
保留完整的空間，吧檯材質太過華麗和老房子
原本調性不搭，因此以水泥、木等材質，自然
融入老屋的質樸個性。圖片提供 © 就愛開餐廳

217

材質｜H型鋼、水泥粉光

218
粗獷造型成為空間吸睛點

L型吧檯以H型鋼和老木料拼組而成，粗獷極具個性的外型立刻成為空間裡最受矚目的焦點，吧檯上方另外吊了四盞工業吊燈，除了考量到工作時所需的光線外，吊燈的外型以及黃色光源，都替空間注入更多豐富元素。攝影 © 葉勇宏

219
簡單質樸材質呼應極簡設計

以特殊漆料打造成與水泥地坪相襯的吧檯外型，由於吧檯為主要展示產品空間，在光源的設計上也特別講究，除了以鎢絲燈泡及玻璃磚打造出專屬燈飾，在下方安排間接光源，讓立面因此更為豐富與多層次，也藉此營造量體輕盈感。圖片提供 © 隱巷設計

材質｜水泥漆、鎢絲燈泡、玻璃磚

材質｜木、鐵件

220

玻璃＋鐵件的輕盈穿透

一進門右側設置櫃檯區，利用折疊的玻璃門，界定工作人員的進出動線，接著選用空心磚堆疊打造收銀台基座，不多修飾地展現材質最粗獷、自然的風貌，在收銀檯與最內側的飲料吧檯之間，建築師選用金屬水管，一節節拼出一座手作風味濃厚的展示櫃，同時也保有視覺的穿透。攝影 ©葉勇宏

221

植栽設計成為美好窗景

大面落地落設計，不只是為了改善採光問題，也是希望能營造明亮、清新的印象，在窗前設計吧檯座位，增加座位的同時也希望坐在此區的客人，能輕鬆欣賞戶外街景，另外在窗戶上方安排植栽設計，不只美化室內空間，從戶外看進來，落地窗的豐富元素，也成了一幅美好景色。攝影 ©葉勇宏

木管格欄｜長 45×寬 45×高 260 公分。金屬水管

CHAPTER
3
座位區

坐得舒服
客人才能留得住

座位的安排與數量，會依據不同業種、
空間大小，而有不同桌數與人數的需
求，位子的安排除了考量空間坪效、來
客數，應將舒適度也一併考慮進去，避
免因座位安排過多或過少，失去舒適度
與可接待的來客數。

222
傢具風格隨空間設計走最安全

最安全的傢具風格當然是跟著室內風格走，同類型
的設計可以有強化風格的效果，但是，對比的風格
搭配也可以創造強烈反差與個性感；其實還是要看
餐廳想要吸引什麼樣的客人，若是一般餐廳則可以
選擇樸實的現成傢具即可，例如 IKEA 的現代設計算
是較通用的風格。

攝影_葉勇宏

攝影_葉勇宏

223
傢具尺寸取決於餐廳風格定位

坪數雖然也是需要考量的因素，但最重要的還是餐廳的定位，高級餐廳在傢具選擇上會相當考究尺寸與舒適度，而價位較平實的餐廳則應考慮翻桌率，若是座位太舒服反而會讓客人坐太久，不利於快速翻桌。此外，預算有限者建議不要花太多錢在裝潢上，可將錢花在可以帶走的傢具上。

圖片提供 _Design Butik 集品文創

圖片提供 _Design Butik 集品文創

224
圓桌？方桌？影響併桌方便性

桌子形狀對於空間分配並無絕對的影響，但若考慮到客人會有併桌的需求，則以方桌最適合，如二張 2 人座的方桌很容易併桌為四人座，但若為圓桌的話就較不方便。另外提醒預算少的業者可以把貴的桌椅放在門面，而內部則可選擇較便宜的傢具，這樣較可顧及餐廳的質感。

尺寸

225
座位間距以不打擾鄰座為準

餐廳座位多寡與經營成效有絕對關係，放上較多座位可以吸納更多客人量，但是過度講究坪效也會讓座位太擁擠，導致用餐氣氛與品質降低。一般座位與座位之間最好有 120 公分以上的距離，可避免起身動作易打擾到鄰座。

攝影 _ 葉勇宏

攝影_葉勇宏

攝影_Yvonne

226
走道寬應考量上餐等大動作

走道除了提供顧客移動的路線，同時也要能滿足服務人員送餐、上餐等動作的行走需求，因此，為了安全起見，走道與座位之間的距離需要給予更大尺度，最好能保留 150 公分寬，最低也不能少於 135 公分。

227
可依每坪一人座抓出座位配比

每一類型的餐廳對於座位大小的需求不盡相同，經營者需要先考慮自己想要營造的風格與氣氛再決定座位數量。但若以一般餐廳的基本規劃，可先將總坪數扣除如廚房、吧檯等機能空間後，大約以一人座位需要一坪空間的計算方式，來抓出空間與座位數的適合配比。

座位配置

攝影＿葉勇宏

228
依想看見的風景來規劃座位區

如何配置座位區呢？除了依據餐廳坪數抓出適合的座位數外，更重要的是位置該如何安排，其中一大原則就是依據想讓客人看見的風景來安排位置，例如希望能望見造型光鮮的吧檯區、賞心的窗景庭園，或是主題性的裝飾牆、藝術裝置等，當每個座位區都能有這些為客人設定的專屬風景，自然能營造出最好的用餐氣氛。

攝影＿Amily

攝影＿葉勇宏

攝影＿葉勇宏

229
利用高低差創造不同視野

座位區的設計除了可依循周圍環境的畫面作安排，還可以利用高低差來創造不同的視野感受。例如高吧檯區、餐桌區與沙發區，透過傢具的高度就可以呈現出看各區內的觀點與不同感覺；另外，也可以利用地板的高低差，如將某區塊的板架高設計，再擺放造型感較強的桌椅也可以營造不同氛圍的用餐區，若店內要舉辦活動時還可以將桌椅撤掉改作為舞台區，相當方便。

動線

圖片提供＿直學設計

攝影＿李松仁

230
動線設計得宜可疏散客潮

所謂客人行走動線就是直接引導向座位區的空間動線，規劃上只須注意順暢度；但是，若有二層樓者，為避免客人都擠在一樓，則可將化妝室規劃到二樓或地下室，可以疏散部分人潮。

231
服務生上菜動線應注意流暢度

餐廳外場最好規劃有主動線，注意主動線應比一般走道稍稍放寬尺度，其他動線則可作樹枝狀規劃，而服務生上菜主要循主動線行走以減少碰撞機會。另外，上菜流程不只有服務生端上桌，須從廚房出餐檯的順暢度也一起併入作考量。

攝影＿葉勇宏

圖片提供＿直學設計

232
餐廳動線規劃宜採樹枝狀發展

所謂樹枝狀的動線規劃，簡單說就是將用餐區的所有動線分層級作出主副動線，主動線須便利通達各區域，各分區內再依座位分布安排次動線與末梢動線，主動線最寬且長，建議需有150公分以上寬度，各區內的次動線則約150～135公分，末梢動線及座位周邊，也不得低於120公分。此外，服務人員平日就要訓練熟悉送餐動線，保持流暢性與不妨礙客人為原則，並避免過多曲折。

233
內場動線需作明顯區隔

餐廳大致分為廚房內場（作業區）與外場座位區，除了外場的動線要演練設計外，為了避免客人誤闖內場，應特別將內場出入的動線與客人動線明顯區隔，若無法作分流，也必須設立門檔，並在門上以顯著標語提醒禁止進入；另外，洗手間的動線也要清楚標示，才能避免客人因找洗手間誤闖內場，造成不必要的麻煩。

攝影＿葉勇宏

攝影＿葉勇宏

234
進貨動線最好避開客人用餐區

餐廳經營還會有廚房進貨、各種物資補給，甚至機器設備維修的需求等，而這些內部進貨的動線規劃應避開客人行走動線，而且要注意動線的寬敞度與平順，以免貨物或大型機器不好出入。

235
補給動線要特別注意寬敞度

傳統餐廳多將廚房作業區規劃在餐廳後方位置，但有些餐廳強調烹調過程透明化，因此會將作業區移至前段位置，不過倉庫或備料區多半還是在後方。為方便廚房人員與物資設備進出，應留有後門作出入動線，但若無後門的空間則只能借用客人動線，應注意進出貨等補給要盡量避開營業高峰時間，同時也要注意補給動線的寬敞度。

236

材質｜水泥粉光、鐵網、舊木箱

236

訂製傢具傳遞材料的原始風貌

專賣咖哩飯的野營咖哩，入口以鐵網隔屏區分座
位區，半穿透設計保留隱私，同時也兼具食材陳
列的作用。店內桌子儘可能以原生材料去做呈
現，例如水泥與鍍鋅鋼板合一的桌面，對比材質
的碰撞產生趣味的視覺感受，而水泥質地亦有吸
水的實質功用。圖片提供 © 隱室設計

訂製桌｜樺木夾板｜約 NT.11,000 元 / 張

材質｜馬賽克磁磚｜傢具｜Journal Standard Furniture

材質｜鐵件、木料、水泥粉光

237
以吧檯為主軸座區圍繞配置

長形空間以供應點心及飲品的吧檯為主軸，走道在留下足夠的動線寬度後，延著廊道配置 4 ～ 6 人的座位，後段座區則混合搭配圓桌及方桌，提供較為隱密的用餐空間。圖片提供 © 直學設計

238
復古傢具與綠意增添工業風暖度

入口外側的座位區，以馬賽克磁磚做為地坪鋪設，呈現出公園步道意象，整體風格以工業風為主軸，因此在傢具選用上多以日本品牌 Journal Standard Furniture，除此之外，由於咖啡館同時提供花藝販售，空間中也大量融入花束、盆花或是綠意造景，讓大自然蔓延全室。圖片提供 © 鄭士傑設計有限公司

239
恰恰好的小清新氛圍

既有老屋建築面寬很窄，還要再扣除工作吧檯的尺度，剩下的就是走道和座位區，所以設計座位時只能盡可能地以二人座的小方桌椅而維持適合人體工學的尺度，不過，這樣的小空間加上精緻的開窗設計，很適合營造「小清新」的氛圍。圖片提供 © 禾方設計

240

是水管？還是壁燈呢？

在「喬桌子」店內的牆面上，隨處可見到傢具椅的側剖面或鑄鐵管壁燈等裝飾，顛覆的畫面相當有創意與趣味，其中鑄鐵管壁燈的創意是由國外的鐵管檯燈做發想，並將之發揚光大轉化設計成大型的壁燈設計，希望藉此讓空間更具幽默感。圖片提供 © 禾方設計

241

軟木牆面創造新穎觸感

牆面鋪述軟木材質，注入天然紋理與溫暖觸感，搭配黑色線條交織成的幾何圖繪，勾勒俐落的牆面表情；底下則安排整排沙發坐椅，搭配深色木作餐桌、單椅，點綴少量銀色金屬，添入一絲時尚工業感。圖片提供 © 大砌誠石空間設計有限公司

240

燈具｜室內鑄鐵管壁燈

241

訂製餐桌｜鑄鐵、木作｜約 NT.3,000 元 / 張

242

訂製傢具｜集成實木、鐵件烤漆｜NT.15,000 ～ 18,000 元

242

減少座位數營造不壓迫的用餐空間

以不同用餐族群思考規劃出可彈性調整的座位，合併的 2 人餐桌可容納 4 ～ 6 人的家庭及朋友聚餐，分開餐桌則能提供基本 1 ～ 2 人的座位；座位設定數量比空間可容納的數量少，目的是留出較為寬敞的尺度，以確保空間的舒適度，及營造成有學齡前小孩的家庭能推娃娃車進來的友善空間。圖片提供 © 潘子皓設計

243

降低高度營造溫馨感受

由於側邊有直通其他樓層的外梯，在空間配置上利用梯下的空間進行客座席的安排。為避免牆面帶來的壓迫感，將兩旁的牆面漆成白色，同時塑造黑白對比的工業調性。圖片提供 © 睿格設計

243

鋼材燒焊圓桌｜鋼材烤漆｜約 NT.1,850 元 / 張
復古金屬扶手椅｜約 NT.2,850 元 / 張

244

訂製桌｜樺木夾板｜約 NT.11,000 元 / 張

244

跳脫制式規劃戶外座區突顯主題特色

以椅子為主題的咖啡館，特別在戶外留下座區空間栽種茂密的植物，並搭配特色設計單椅作為門面突顯咖啡館主題特色，消費者也能有不同的用餐體驗。圖片提供 © 直學設計

245

咖啡與花的浪漫結合

儲房咖啡館的有趣在於與花藝工作室的結合，因此在花藝區域特別安排兩人座位，讓喜愛花草的客人能在自然陪伴之下度過悠閒的用餐時光，花藝區域刷上黑板漆，由花藝設計師手寫每日一語，強化視覺意象。而天花板如同翅膀般的吊燈，則是喜愛登山的店主人加入繩結概念作懸掛，讓燈具更與眾不同。攝影 ©Amily

245

材質｜黑板漆

246

訂製傢俱｜實木、鐵件

246

適宜桌距，創造慵懶氛圍

經過實際經營後，考量來客數多為 2 至 4 位，因此
調整座位數量和擺放位置，留出更寬廣的走道，寬闊
的桌距讓客人之間不受打擾，呈現舒適慵懶的空間氛
圍。而方桌尺度也經過事前反覆修改，量身訂製而
成，不成對的椅子造型，也讓空間更顯豐富。攝影 ©
葉勇宏

247

溫暖日光與經典單椅打造人氣角落

老房子基地既有的三角畸零結構，巧妙成為座位區之
一，在溫暖的木質基調下，搭配玻璃格子落地窗景所
灑落的陽光，在經典微笑椅的加持之下，毫無疑問是
店內的人氣座位首選一旁牆面大膽運用赭紅色作跳
色，然而卻與木色調極為吻合。攝影 ©Amily

247

材質｜夾板染色、油漆、玻璃、梧桐木

248

餐桌｜實木｜約 NT.7,000 ～ 8,000/ 張

248
寬敞間距方便走動

為滿足業主員工餐廳的需求，設計師盡可能讓座位擺放到最大數。以簡單的方格狀做佈置，可隨使用需求變更擺設，桌子間距 1 米 5 至 1 米 8，降低服務生與顧客相撞的可能。圖片提供 © 禾境室內設計

249
享受純粹極簡木質的溫暖

去除多餘設計還原空間最原始的單純樣貌，以純綷的白色為基底，選用大量淺色且造型簡約的木質桌椅做位置安排，簡單的空間裡，只以多款造型復古吊燈豐富視覺感受，另外加入軌道燈讓光源產生更多變化，營造空間層次感。攝影 ©Yvonne

249

傢具｜無印良品

250

251

傢具｜歐洲跳蚤市場

252

材質｜超耐磨地板、水泥粉光

250+251
賦予空間多樣用途

一入門就可看到復古的偉士牌機車，不僅是老闆心愛收藏的展示，也是作為座位區與大門之間的遮擋，坐在小桌的客人在心理上能感到安心，不至於被進出的客人打擾。而窗邊角落運用書籍、唱片增添文化氣息，也是專設的等待候位區，有效運用畸零空間。攝影 © 葉勇宏

252
轉換地面材質隱喻空間過渡

刻意在空間中沿牆拉出 L 型的工作中島區，不僅擴大作業範圍，也能隨時與客人互動。中央留出方形空間後選擇設置一張大長桌，即便來客數較多也容納。地面以木地板和水泥粉光不同材質暗示工作區和座位區的轉換，也讓空間展現多元面貌。攝影 © 葉勇宏

253

訂製傢具 | 實木、鐵件 | 約 NT.3,000～5,000 元 / 張
老件傢具
椅子 | 約 NT.1,000～3,000 元 / 張
桌子 | 約 NT.3,000～5,000 元 / 張
沙發 | 約 NT.3,000～6,000 元 / 張

253
配合老屋風格混搭老件傢具營造悠閒氛圍

主要座位區沿周圍牆面配置座位，形成走道動線，讓消費者能直覺性的移動，並在光線最好的落地窗角落利用老沙發，營造出有如在家一般的悠閒用餐氛圍。圖片提供 ©for Farm Burger 田樂

254
地坪反差界定空間展現獨特性

與 4 人座區相鄰的 2 人座，地坪界定設計令人為之驚豔，深木色與水泥做出如織毯般的感覺，粗獷中流露細膩的變化，同時也考驗設計者對於工法的了解。左側牆面則是淺色木板利用香蕉水、鋼刷等工序製造出斑駁效果，看似簡單的材料卻富含豐富表情。圖片提供 © 鄭士傑設計有限公司

254

材質 | 水泥粉光、木作

夾板大桌｜夾板、鐵件｜NT.25,000 元

255
讓每位客人找到自己座位

在裸色水泥的工業風餐廳內，搭配有多款造型、大小
不盡相同的桌椅，但設計都有著圖書館與學生椅的樸
實耐用的概念。大桌可以共聚討論，小圓桌可以獨
享上網時光，讓每位客人找到自己的座位。圖片提供
©reno deco 空間設計

256
球形燈泡營造居家感

業主曾在澳洲看過餐廳使用大量的球形燈泡鋪滿天花
板，因此對球形燈泡深感興趣。設計師依著主意好，
將球形燈泡以固定間距擺放，加上微微傾斜的天花
板，營造溫馨宛如居家的「屋中屋」感覺。圖片提供
©The muds' group 繆德國際創意團隊

256

琥珀色造型燈泡｜約 NT.300 ～ 500 元 / 顆

257
活動桌椅與明亮採光，感受悠閒戶外午茶氛圍

單面採光的空間利用落地玻璃門，讓半戶外座位區可以感受到自然光的灑落，桌椅以淺木色和白灰色調呈現，延續空間日式簡約的調性，活動式的桌椅設計能依需求靈活調整座位。圖片提供 © 直學設計

258
低彩度，不添加的天然感

為了符合天然、手作與不添加的開店精神，在店內空間背景上（如天花板、地板、壁面）皆採用低彩度的背景顏色，而傢具的配置則以實木為主，搭配鐵灰色的椅子及燈具，在視覺上具有非常棒的聚焦效果，調性也非常一致。圖片提供 © 禾方設計

257
訂製傢具｜圓桌｜NT.7,500～8,000 元 / 張｜
4 人正方桌｜NT.7,800 元 / 張｜
椅子｜樺木夾板｜NT.3,800 元 / 張

258
材質｜黑板牆、鐵件、實木、水泥粉光

259

259

溫潤木質營造鄉村氣息

利用實木沿著烘焙區設置座位桌面，在完成甜點後就可直接送達給客人，同時也可作為烘焙課程的學習檯面，在近 9 坪的店面中創造舒適不擁擠的空間。另外，採購復古椅後重新以布料更換椅面，讓舊傢具煥然新生，布面的溫暖感受，也與鄉村氣息相呼應。攝影 ©葉勇宏

260

騎樓喝咖啡更香，更放鬆

不論單純飲用或在眼前的綠意樹梢陪伴下，空空騎樓廊下的擦肩與問候彷彿拉近了人與人之間的距離，更讓人感受到人情味。圖片提供 ©reno deco 空間設計

260

261
材質｜實木、鐵件

261
杉木模板牆鋪出工業質感

餐廳以穀倉為主題，風格則主打工業風，因此於牆面上運用大量可回收的杉木板模，搭配灰階色牆與水泥原色底地板，至於傢具、傢飾則選擇同樣的工業風格桌椅，讓色調與畫面更為協調，搭配一桌一燈的規劃，很有聚焦與穩定感。圖片提供 © 禾方設計

262
同類材質產生空間呼應性

以業主喜愛的簡約鐵件單椅與木材桌面組成的座位區，與室外的鐵件框窗呼應，內部植生牆則與戶外植物產生連結，利用具生命力的植栽，軟化略顯冰冷的空間氛圍。圖片提供 ©The muds' group 繆德國際創意團隊

262

類海軍椅｜鐵｜約 NT.4,000 元／張
訂製桌子｜木材、鐵件｜約 NT.6,500 元／張

263

263

環繞綠意的自然戶外座位

超過 15 年的老屋所改造的咖啡館空間，除了室內座位之外，設計師更利用退縮後產生的前院區域，規劃出貼近自然的戶外座位區，低調的水泥粉光地面、甚至招牌也是隱晦的設於柱體上，突顯出環境的特色，讓人有種置身公園的美好錯覺。圖片提供 © 鄭士傑設計有限公司

264

開挖樓板創造更多互動

為了讓空間更有戲劇感及互動可能性，設計師神祕地開挖一個大洞，將玻璃外的光線引進室內，使室內更明亮，也讓進到這裡的每個人都可以享受這個挑空的開闊空間，同時上下樓層因此有了互動，用餐時也能體驗更棒的視覺、嗅覺及味覺感受。圖片提供 © 禾方設計

264

265
老宅新格局，空間更友善

這是一棟由 40 年老房子改造的多元經營餐廳，室內除結構以外，幾乎全部隔間都重新更動設計過，甚至將戶外吧檯的架高木地板延伸入室內，一來可以隱藏管線，同時也提示動線。此外，重新改建的新格局不僅更開闊、有層次感，也更友善。圖片提供 © 禾方設計

266
高度層次轉換營造空間放鬆與流動感

喜歡美式粗獷自由的空間風格，除了以傢具呈現風格語彙外，也藉由不同座位安排創造空間的隨興自由，落地窗吧檯座位適合想一人獨享時光，藉由降低坐椅高度的座位區，就能更輕鬆自在品嚐咖啡，一般座位區則是給來吃飯、工作的客人，高低不一的視覺角度讓空間產生層次變化，也讓客人行進動線更具流動感。攝影 ©Yvonne

材質｜水泥粉光、木地板、木料

材質｜棧板、玻璃

267

267

落地窗下的慵懶沙發區

落地窗旁的視野良好，也有大面採光進入，因此特地
設置沙發區，讓此處的客人能夠隨興坐臥，呈現慵懶
舒適的調性。草綠色的復古北歐傢具呼應戶外綠意，
原始的木質素材搭配木質地板，展露自然清新的空間
感受。攝影 © 葉勇宏

268

舒適沙發區給人賓至如歸的感受

希望咖啡館能給人像家一樣的親切感，除了在材質上
大量使用溫暖的木質，也在採光最好、臨近落地窗的
地方規劃一處有如客廳的沙發區，擺設於此的 2 張雙
人座復古沙發增添了空間特色，也讓坐在此區的人像
回到家一樣放鬆無壓。圖片提供 © 蟲點子創意設計＋室內設
計工作室

269
以地區消費族群安排座區形式

咖啡館消費者以學生及當地居民為主，座位區即以
滿足多種形式的消費族群做設計考量；吧檯區可接
待獨自前來品味咖啡的人，高腳 2 人座區及 3 ～ 4
人座區則適合附近居民三五好友聊天，利用架高地
坪劃分出多人座區，可提供開放而獨立的聚會場域。

圖片提供 © 蟲點子創意設計 + 室內設計工作室

270
微工業佐以英式復古的輕搖滾

牆面洋溢維多利亞風情的 Tiffany 藍色，釋放淡雅的
復古美感，靠牆一座人型金屬格櫃，展示的內容物
從作為食材的洋蔥、南瓜到書籍、阿媽的古董皮箱
等琳瑯滿目，牆上並有各地的經典地標框畫點綴，
人文混搭的風情相當有特色。攝影 © 葉勇宏

訂製傢具 | 實木、鐵件 | 約 NT.4,000 元

金屬格櫃 | 高 271× 寬 240× 深 40 公分 | 木頭、金屬

271

材質｜水泥粉光
傢具｜二手老件｜訂製傢具｜W2｜木、鐵件

271

適當座位數保留空間開闊感

一開始即希望保留空間的開闊感，因此在面公園處以二片落地窗讓空間向外延伸強調寬闊感受。為了不過於擁擠，座位利用四人及雙人座方便店家隨時做調整，滿足不同型態客人需求，除了少數訂製的木桌，桌椅多是二手或老件，隨興不成套互相搭配，非但不顯混亂反而增添趣味與視覺變化。攝影 © 葉勇宏

272

簡單材質打造手感鄉村風

座位區將后由美耐板應用手法運用於腰牆，另外拼上木夾板，形成一面手感鄉村風主題牆，由於空間狹長，因此另一面牆維持簡單牆色，只以畫框、乾燥花適度點綴，而來自復古燈具的微黃光源成功淡化水泥的冷硬感，為空間注入暖意。攝影 ©Yvonne

272

材質｜木夾板、美耐板、護木油

273

白色調中舞動繽紛色彩

大面白牆加入流線設計，營造宛如優格般的白色柔滑感，並點綴彩色水果圖騰設計，搭配內嵌間接燈光，讓繽紛色彩在白色基調中舞動。同時架高深色木地板界定出座位區，形成獨立但不失流通感的格局規劃。圖片提供 © 十分之一設計

274

開放格局兼顧後端採光

座位呈開放格局，兼顧後端採光，使整體視野更開闊，增加店內互動性，同時在牆面加入簡單線條與不規則狀的層板，以組裝方式安置於牆，經由精密的載重測試後，打造出機能、美感兼具的幾何裝飾。圖片提供 © 天空元素視覺空間設計所

材質｜人造石

274

訂製傢具｜餐桌鋼角＋人造石、餐椅合成塑膠｜桌約 NT.4,000 元 / 張｜椅子約 NT.700 元 / 張

傢具｜塑料

傢具｜IKEA

材質｜鐵件

275

簡化座區範圍著重櫃檯及作業區域

整體空間坪數大約只有 12 坪左右，設計師以作業區及櫃檯為首要規劃區域，再將其餘空間分配給座位區使用，少量的座位數呈現安靜不吵雜的空間感，特別搭配圓弧形的桌椅，柔化方塊圖形的空間裝飾；另外考量到進出動線及點餐人潮，留出足夠寬度的進出走道。圖片提供 © 逸喬設計

276

事先設定座位方向與視野

黑色是原本空間主色調，但為了強調這空間實做的動態與實驗性的衝擊精神，選擇將貨櫃吧檯區漆上略帶一點黑的銘黃色，傳遞活潑的動態感。至於座位區規劃上，設計者已事先把視覺設定好，以各個座位方向做思考，從希望消費者會「看到什麼」，再決定桌椅的陳設。圖片提供 © 禾方設計

277

融入商品展示強化職人角色

以烘豆職人做為定位的咖啡館，除了提供少數座位外也更是主要客群，設計師在木質吧檯前另闢簡便座位，提供外帶客人稍做歇息，同時規劃牆面展示架，提供沖泡壺、掛耳包等產品販售，而層架最底部則是以麻布盛裝新鮮烘焙好的豆子，強化品牌的整體感。圖片提供 © 力口建築

278

老海報與清酒瓶洋溢懷舊風情

設計師在地面鋪上柔和的木紋地板，好襯托深色木頭桌椅的古舊感，昏黃燈光映照在白牆上的老海報，無形間喚醒了許多中生代的共同回憶，店裡滿滿的昭和風情有種迷人的吸引力，而牆面展示架上的眾多清酒瓶，也是為空間調味的風物詩之一。圖片提供© 游雅清設計

279

以桌子大小區隔座位

由於空間格局方正，整體空間以桌子種類一分為二，分為長桌區與短桌區，走道預留 100 公分的寬度，方便 2 位服務生可過身，也讓空間視覺感不過於狹窄。圖片提供©The muds' group 繆德國際創意團隊

278

壁掛展示層架｜木作、噴漆｜寬 550× 深 40 公分

279

材質｜磚、白色漆料

280

材質｜實木、鐵件、木料、紅磚、水泥粉光

280

如小酒館般的明暗對比

為了讓消費者更能體驗空間獨特氛圍，在餐區座位上分成方桌區和圓桌區，經營者在不同區域之間企圖以燈光營造出明亮與昏暗對比，希望藉此讓消費者感受道地德國小酒館的氛圍。圖片提供 © 禾方設計

281

巧克力調的濃郁質感

小坪數的店內空間專門販售巧克力，利用磚造壁紙鋪陳牆面，營造復古質感，並在牆面裝置木頭層板架，於上頭陳列造型飾品，搭配昏黃燈光注入異國風情，地板則以木紋塑膠地板鋪述，整體呈現巧克力般的濃郁色彩。圖片提供 © 芽米空間設計

281

材質｜木料

材質｜水泥、白色漆料

282

寬敞間距方便走動

雖然空間不大，但設計師對於座位間格與走道寬度仍相當重視，預留 160 ～ 170 公分的寬度，不僅便於顧客走動，也能降低服務生送餐時不慎撞傷的風險。圖片提供 © 睿格設計

283

木柱白牆交織的古樸時間感

由老舊街屋改造而成的日式食堂，帶著庶民最愛的居酒屋浪漫情調，設計師為了讓空間更有隨興、溫暖的感覺，特地將天花板噴黑，讓所有管線、橫樑隱入如夜幕般的背景當中，配合燈光與深色餐桌椅，營造一種昏黃且慵懶的故事性。圖片提供 © 游雅清設計

餐桌｜木｜長 60× 寬 50× 高 80 公分

284

材質｜紅磚、黑板牆

284
開放廚房的自由饗宴

希望店內能有 open kitchen 的可能性，也想提供用餐者更多不同的用餐感受，特別打造一張可多人共桌的大餐桌，搭配多盞吊燈展現趣味，另外，吧檯下也安排有點亮氣氛的燈光。至於桌面上的水龍頭與廚房設備則提升開放廚房的方便性。圖片提供 © 禾方設計

285
沙發區揉合粗獷與溫潤

沙發區採用杉木訂製方桌，運用充滿仿舊感的質材做搭配也能讓空間更古樸風情，後方牆面則鋪述天面情粗獷嵌件，還可見到具鏽蝕感的管線設計，將剛硬建材揉合溫暖的木質軟件，圍塑出獨樹一幟的放鬆情調。
圖片提供 © 大砌誠石空間設計有限公司

285

訂製桌｜杉木、鐵件｜約 NT.15,000 元／張
沙發｜沙發超纖皮　NT.50,000 元／張

訂製傢具 | 鋼角、人造石、合成塑膠 |
桌約 NT.4,000 元 / 張 | 椅約 NT.700 元 / 張

工作檯 | 銀狐大理石 | 長 666× 寬 72 公分
吧檯 | 長 350 × 寬 24 公分

286
鮮豔色彩擬造未來氛圍

以飽和的橘、黃、白色做交替變換，並採用源自美
國當地漆料，營造大膽鮮豔的空間調性；且在座位
旁牆面融入綠色 LED 燈設計，替簡約空間加入光源
效果，且光源可由中央控制，讓整體跳脫制式餐廳
規劃，多了幾分未來感。圖片提供 © 天空元素視覺空間設計
所

287
牆面層板融入包裝旨趣

店內一側為工作吧檯，另一側則設置三席吧檯座椅、
六席立食區，形成分明俐落的軸線動向。座位區將
層板嵌牆，上下面貼栓木漆白，側邊採用烤黃漆，
立食區則結合了展示概念，打造宛如包裝盒向外翻
開的視覺趣味。圖片提供 ©JCA 柏成設計

288

材質｜舊木料、線板、混凝土

288

舊木料打造孩子專屬遊戲室

入口處規劃為八人大桌，牆面延續外觀設計，直接以板模混凝土牆面表現出未完成的粗獷感，並運用線板做出畫框般的趣味效果，有趣的是一旁以回收舊木料特別闢出小孩遊戲室，正好消弭空間的不規則結構，兩面隔間都分別開設小窗口，讓爸媽能隨時注意孩子的狀況。圖片提供 © 隱室設計

289

實木桌椅增添自然風情

講求天然、原始的餐廳，在傢具的材質上也不馬虎，以實木作為主要素材，柚檜紋路提升清爽質感，也能符合餐廳推廣天然食材的理念。圖片提供 © 禾境室內設計

289

實木餐桌椅｜實木｜桌約 NT.7,000～8,000/張、椅約 NT.3,000～4,000/張

290

燈光傢具打造異國風情

室內氣氛宛如歐洲小餐館，充滿濃濃的異國情調，在座位區旁配置吧檯、半開放式廚房等，增添空間的互動性。此外，配置柔和的黃光，搭配深色木質桌椅，於牆面、結構柱等處妝點漁網等航海元素，呈現海洋氣息。圖片提供 © 大砌誠石空間設計有限公司

291

享受悠閒的咖啡香

空氣中瀰漫著濃郁咖啡香，與店內懷舊的日式風情，交織出獨特的異國情調。大量木質組構的空間，使用特殊塗料勾勒白牆的豐富肌理，左側的長吧檯亦是多功能的作業區，檯面下內建的燈光設計，則賦予視覺生動的光帶效果。圖片提供 © 好蘊設計

訂製餐桌椅｜柳安木｜約 NT.3,000 元 / 張

長吧檯｜木作貼皮、特殊礦物塗料｜
高 650× 寬 112× 深 20 公分

草綠油漆｜Dulux Vertigo，電腦調色漆

材質｜咖啡色茶鏡玻璃

材質｜水泥粉光、木地板、木料 、壁貼

292
清爽綠色點綴空間

要讓空間呈現清爽質感，白牆、採光、木質素材是缺一不可的。此外，更重要的是綠意的引進，除了利用開窗延攬戶外綠景之外，設計師在空間裡也使用大量的清爽草綠，搭配木材質，讓人有置身原野的感受。圖片提供 © 禾境室內設計

293
茶鏡增添視覺穿透感

在 9.5 坪的小空間內，設計師使用大面積的咖啡色茶鏡做裝飾，不僅和空間色系呼應，鏡面反射也能增添空間寬廣度，讓小坪數空間能有寬敞感受。圖片提供 © 睿格設計

294
用老空間景物來說故事

將原有樓梯拆除設計成一樓的挑高處，再以室外旋轉梯來串聯樓層，這樣可以增加一樓室內的使用空間，也讓通往二樓的動線更隔出來。至於由挑高處倒吊的樹枝是原先種在後院的紫藤樹，在移植的過程中死了，為了紀念這棵老樹，於是用了幽默的手法將它保存在空間裡。圖片提供 © 禾方設計

295

材質 | 水泥粉光、木地板、木料 、壁貼

295

與客人共創的藝文空間

店家除了擅長利用內外空間的互動，以及藉由傢具層次來營造空間氣氛外，另外，也經常會在店內舉辦各種藝文活動，藉以拉近與消費者間的距離與關係，例如牆面上大型藝術瑪麗蓮夢露的便利貼壁畫就是店內的活動成果之一。圖片提供 © 禾方設計

296

靠牆安排強調座位隱密性

將二至四個人座位區安排在較深處的靠牆位置，提供客人較為隱密的座位選擇，桌距刻意拉大，即便坐滿客人也能互不干擾，並保有一定的隱私與寧靜。桌椅選擇具工業風調性款式，以深木色讓空間更為沉穩、內斂。攝影 ©Yvonne

296

材質 | 水泥

材質｜楠方松實木、鐵件

材質｜漆料、胡桃木

材質｜紅磚、鐵絲玻璃

297

運用挑高空間創造座區層次變化

小店空間雖然不大，卻有舒服的挑高天花，在保留足夠的走道位置後，簡單的配置座位，並運用空間高度規劃獨立座位區，創造空間的變化與層次；桌椅也依照尺寸需求完全客製訂作，或者利用回收海運箱，使空間充滿隨興自然的氛圍。攝影 ©Amily

298

原木傢具軟化空間冰冷調性

擁有最好光線的座位區，以單人座椅搭配長條形座椅，長條座椅下方不只可遮掩雜亂的電源線，同時也藉此讓出更多空間給走道，整體空間多以材質原貌呈現，因此選擇木質傢具，讓木素材的溫潤質感溫暖過於冷調的空間。攝影 ©Amily

299

裸磚、EMT 管打造工業氛圍

卡那達咖啡空間為特殊的 U 字形動線，設計師將原始挑高停車場重新規劃為獨立的吸菸區座位，延續輕工業風格，牆面是刻意敲打而成的磚牆，不過為了與常見的紅磚有所區別，特別以水泥漆做不均勻上色，降低紅磚的色彩，搭配工業風必備的 EMT 管與吊燈，一張黑白掛畫，空間氛圍立刻呈現。圖片提供 ©隱室設計

300
陽光花房裡享用美味餐點

儲房咖啡館所承租的老屋原有一處後陽台的空間，店主人巧妙將原有鐵件曬衣架改為水平方向，變成為實用的乾燥花製作區，搭配玻璃窗景的設計，純淨的白牆反而是背景，宛如置身日光花房般的美好錯覺，而上端分割的三面小窗規劃，則有助長形老屋的空氣對流。攝影 ©Amily

301
手作組合概念連結野營主題

咖哩小店將座位區分成左右兩側，左側以長凳作主要配置，方便併桌。既然是餐飲空間，食物才是主角，也因此，像是燈具的挑選上以簡單造型、色調為主，地坪也選擇單純的水泥粉光，不過在八人桌的部分，設計師特別利用角材與固定繩打造長形吊燈，手作、組合的概念與店內野營精神相互呼應。圖片提供 © 隱室設計

材質｜水泥粉光、木作、油漆、玻璃

材質｜水泥粉光、角材

304
材質 | 蛇紋石、刷漆

302

303

材質 | 鐵件、水泥粉光
傢具 | 日本學校椅

302+303
可隨意拼組的學校桌椅

呼應以黑色為主要配色的空間，將原本原木色的桌椅一併漆成黑色，並以隨時可互併或拆開概念，讓座位數可依客組人數隨時彈性變化；以鐵件框出的落地玻璃，有如畫框框住戶外景致，引入戶外綠意也營造視覺趣味。攝影 © 葉勇宏

304
蛇紋石配紅磚營造復古溫馨

座位區約莫有 35 席，桌與桌之間預留 65 公分寬，給予寬敞舒適的感覺，同時室內天花板、牆面擷取戶外綠意的綠色調做為鋪陳，拆完塑膠地磚後發現的台灣蛇紋石大理石地給予保留，桌椅則搭配溫潤的木頭材質，整體呈現復古懷舊且溫暖的氛圍。圖片提供 © 力口建築

305

類海軍椅｜鐵件｜約 NT.4,000 元 / 張
訂製桌｜木材、鐵件｜約 NT.6,500 元 / 張

305

斑駁牆面營造復古風情

保留原始磚牆痕跡，再重新刷上白漆，搭配以水泥粉光架構出的極簡空間，另外利用木質、鐵件傢具，替空間做點綴營造亮點，從而形塑出層次分明的質感空間。圖片提供 ©The muds' group 繆德國際創意團隊

306

建材色彩演繹鄉村樂章

在牆面塗上鮮豔綠色，使店內空間產生放大感，佐以淺色木質與天然石材、保有天花板的鐵皮屋頂，讓餐廳更添鄉村質感。座位區則陳列簡約的木質餐桌椅，採用恰到好處的桌距規劃，營造溫馨但保有獨立性的用餐氛圍。圖片提供 © 芽米空間設計

306

餐桌椅｜木作

307

材質｜水泥粉光、超耐磨地板

308

材質｜夾板染色、油漆

309

材質｜橡木

307

溫暖明亮的輕工業風

在裝修成本與風格氛圍的衡量之下，咖啡熊店主人決定以輕工業風作為空間主軸，未經修飾的水泥粉光牆面，其實也是考量日後會加入手繪四格漫畫的品牌故事作為裝飾，藉此強化客人對於品牌的深刻印象。由於咖啡熊主要為外帶咖啡，所以在座位的安排上，店主人特別倚牆而設，釋放出走道空間， 讓客人能以最直接、舒適的動線進入吧檯點餐。攝影 ©Amily

308

特色單椅化身空間主角

隱身在店內一角的座位區，地面延續夾板染色鋪陳，因應店主人喜愛木頭的元素，牆面除了運用梧桐木作拼貼，一旁的長凳更是選用漂流木，座椅則是特意選搭不同款式單椅，讓傢具成為咖啡館的最佳主角。攝影 ©Amily

309

共桌概念拉近客人距離

考量附近為上班族區域，時常有開會需要或者獨自一人工作的情形，因此安排大長桌，味了調和客人數較多的團體外，融入國外共桌概念， 讓一個或者二個人的客人，在不需要併桌的情況下，也能輕鬆自在與其他人共桌。攝影 ©Yvonne

310

材質｜文化磚、黑板漆

310
順應空間特性打造專屬座位

利用磚牆與黑板牆，將較深處的空間與其他座位區做出區隔，營造成私密角落空間，提供三五好友談心或者舉辦小型聚會，安排溫暖的黃色光源淡化原本的陰暗感；因應團客人數，除了單人座椅外，以較具彈性的雙人沙發取代單椅，藉由不同款式傢具讓空間不會流於制式，也能解決座位不足的困擾。攝影 ©Amily

311
草綠色磚牆呈現自然人文感

因應老房子特殊格局動線，儲房咖啡館後端隱藏著開放卻又具隱私的座位區，右側牆面為新砌廚房隔間，直接運用象徵大自然的草綠色刷飾，保留磚的質感也帶出豐富的視覺效果，其餘牆面則多以留白處理，搭配不定期的各式展覽陳設，展現些許人文藝術的空間調性。攝影 ©Amily

311

材質｜磚、油漆

材質│夾板染色、油漆、梧桐木

材質│木地板、大理石

現成傢具│約 NT.1,800～2,000 元／張（工業風）
現成傢具│約 NT.4,395 元／張（IKEA）
材質│實木、鐵件

312

多元傢具滿足不同消費客層

座位安排上，利用各種經典復刻版的單椅混搭平價傢具，高度略有差異，椅背式或是椅凳款式穿插其中，創造不同的使用功能，每隔一段時間，設計師甚至會調整所有傢具擺放位置，讓店內空間重新擁有新的面貌與新鮮感。攝影 ©Amily

313

大理石、人字拼地板打造美式工業風

以生熟食雜貨鋪為出發的 Dan IA tABLE，每天限量供應主廚料理，然而熟食並非店鋪主訴求，也因此在長形空間內僅配置四張小圓桌。大理石桌為店主人利用另一家經營的義大利餐館淘汰的材料予以改造，加上鑄鐵桌腳、鐵框包覆桌面增加穩固性，而餐椅則特別選用黑白黃三色，讓空間層次更為豐富有趣，搭配人字拼木地板地坪設計，呈現出有如美式小餐館的氣氛。攝影 ©Amily

314

配合人力狀況配置適當座位數量

由於空間又窄又長，加上只有一人經營整間店，考量到人力及動線，因此只配置大約 20 個座位，餐桌以直橫混合擺放的方式，讓空間看起來不會過於呆板。攝影 ©Amily

315
降低座位高度營造放鬆感

過窄的長形空間，座位安排上難免產生難以處理的畸零角落，因此在零碎空間安排兩人座位，利用低矮的沙發降低高度，營造此區慵懶、放鬆感，再搭配具沉穩情緒特質的綠色牆面，將原本難利用的空間，營造成可以讓人放鬆的安靜角落。攝影 ©Amily

316
北歐傢具讓輕工業更有人味

以輕工業為主軸的卡那達咖啡，空間結構在工業風的概念之下，敲打出板模天花板、水泥粉光地面，然而在傢具的配置上，則以大量北歐座椅與二手老件為主，調和工業風予人的冷調，讓空間自然增添了溫暖與人味。圖片提供 © 隱室設計

315

傢具｜K Chair

316

材質｜水泥粉光

317
材質│紅磚、鐵絲玻璃

材質│水泥粉光、木作、油漆

材質│水泥粉光

317

鐵絲玻璃隔間既穿透又有風格

另外劃設的獨立吸菸區，利用鐵絲玻璃和鍍鋅框架區隔，色調上與水泥灰調十分和諧，同時也帶出工業風的調性，玻璃隔間的選用亦能產生通透的視覺效果。同時大量運用不同吊燈，為每一區帶出個性與溫度。圖片提供 © 隱室設計

318

保留老屋面貌打造自然清新風格

刻意保留老屋原始裸天花板的樣子，局部地面因些微隔間的拆除，因此改為水泥粉光做法，搭配傳統的磨石子地面極為協調，同樣具有原始樸質的氛圍。座位區傢具以木頭材質為主，與自然主題產生連結，除了有台灣設計品牌 R SKASA，還有訂製的大尺寸座椅，就是要讓客人有如置身戶外般的自在舒適。攝影 © Amily

319

簡約框架與色調打造藝廊 fu

考量 PAPER ST. 咖啡館空間結構與坪數的關係，除了窗邊的吧檯座位之外，並不以二人或四人座為安排，而是運用一人、二人串作規劃，以及大桌共享概念的用心。兩側座椅雖為不同調性，然而造型相似，色調也從整體空間做延伸，搭配簡約的黑白框架背景、水泥粉光地面，散發出宛如藝廊般的人文氣息。圖片提供 © 隱室設計

320

訂製椅｜鋼板｜0.3公分｜綠色絨布坐墊
木長條椅｜厚皮鋼刷橡木

320

極簡傢具，打造寬敞明亮空間印象

考量空間使用坪效與整體空間感，因此先以深灰色地坪與淺灰色牆面打底，營造出沉穩明亮的餐飲空間，座位安排則在舒適的前提下，採用薄型鋼板並捨棄椅背的極簡設計，藉此節省空間、滿足預期中的座位數，又能維持空間的寬敞與輕盈感。圖片提供©賀澤設計

321

粗獷風格展現餐廳主題調性

座區刻意不配置太多座位，希望給消費者寬敞舒服的用餐環境，厚實的木質餐桌靈活搭配不同餐椅，加上鄰窗的沙發區，營造出紐澳良餐廳的隨興自在。攝影©Yvonne

321

材質｜實木、鐵件

傢具｜加工廠

323

324

沙發桌椅｜彤格傢具

322
不成對傢具形塑空間層次

喜愛舊傢具的店主，刻意選擇不同款式的復古桌椅，並運用不同色系的桌墊和配飾，讓空間不顯單調，其中藍橘對比的復古鐵椅，為一片木質調性的空間增添顏色，成為視覺焦點。攝影 © 葉勇宏

323+324
打造如家中的閒適角落

店主希望保有一個能對外開放的地方，因此規劃以玻璃為隔間的半對外開放空間。考量到向外視線不被阻隔的情形下，內部桌子的高度都較低，並運用沙發單椅或布椅打造宛如居家的空間氛圍。攝影 © 葉勇宏

325
穿插搭配不同樣式餐桌椅豐富空間表情

為了避免過於制式的餐桌椅安排，使餐廳看起來像呆板嚴肅的食堂，因此穿插搭配不同造型樣式的餐桌椅，配合牆面的舊木料與原有屋樑，創造懷舊的角落風景。圖片提供 ©for Farm Burger 田樂

326
包廂吧檯攬進城市風景

沿靠窗區規劃整排吧檯座位，採用加大窗戶尺寸攬進城市風景，且貼心配置風琴簾調節採光，營造舒適的用餐體驗；一旁則規劃開放式包廂區，以灰色沙發搭配綠色牆面，形成鮮活的空間色彩，並懸掛鐵件吊燈建構空中焦點。圖片提供 © 芽米空間設計

325
訂製傢具｜實木｜約 NT.4,000 元/張

326
餐桌椅｜訂製傢具

327

328

長木桌｜厚皮大干木｜90×360 公分
燈具　LED 投射燈、易換式省電崮晶燈、吊燈

329

材質　文化磚、木貼皮

327+328

結合裝置藝術概念，創造空間吸睛焦點

因應團客需求，在靠外牆位置設置大長桌，位置打斜安排與其餘座位略做區隔，長木桌延伸至玻璃牆外融入前庭設計，在凸出的桌面亦安排座位做為待客區，營造室內室外共桌的意趣，也藉此特殊設計創造話題，加強客人有「就是桌子穿出玻璃牆的那家餐廳」的強烈印象。圖片提供 © 賀澤設計

329

沙發靠牆角舒服省空間

因以烘焙產品為主，僅保留 4 ～ 6 人座位區，不占人多空間，並以沙發椅形式，將座位規劃在牆角，讓客人可以舒服靠牆而坐。另以文化石牆壁搭配塑木材質，營造整體空間日式風格。
攝影 © 李永仁

330

訂製長桌 | 舊木、鐵件 | 復古傢具 | 加工廠

330
復古傢具一統空間氛圍

基於長形街屋的空間形狀，座位以三行縱列排列，分別設置不同形狀和大小的桌椅，非制式化的傢具增添空間層次。訂製的木製長桌運用舊木和鐵件拼組，中央的桌椅則是使用老闆收藏的復古傢具，靠牆座位區則是一體成形的桌椅，刻意漆上復古紅呈現中式傢具傳統氛圍。攝影 © 葉勇宏

331
以工作桌為構想搭配傢具

跳脫一般早午餐的白色輕風格，而以大膽配色顛覆空間印象，並可在深夜營造微 lounge 氛圍。高腳桌以工作桌為構想，可一個人看電腦，又或許兩個人談話；同時貼心搭配桌燈等細節，高腳椅也是特別由鐵工完成的訂製設計。攝影 © 李永仁

331

材質 | 老木、水管

332

材質 | 清玻、海島型木地板

332

打造如居家隨興放鬆的樣貌

店主希望營造就像在家裡一樣自在的熱鬧氣氛，
因此傢具雖舒適卻帶有古典元素款式，選擇鮮豔
的橘與芥末黃等，替空間注入活潑氣息，座位與
座位之間，不刻意區隔開來，藉此將客人間的距
離拉近，即便是互不熟識的人，也能自在、輕鬆
的互動。圖片提供 © 涵石設計

333

獨立沙發內包營造濃厚美式風情

因應各種用餐目的及人數，特別在角落規劃一處
沙發區，讓獨立區塊當作包廂使用，可以接待較
多人數的聚會，鮮明獨特的配色及陳設，更強化
了餐廳到味的美式特色。攝影 © Yvonne

材質 | 鐵件、人造皮革

334

材質 ｜ 實木、鐵件

334
高腳餐桌椅創造不同用餐體驗

除了一般高度的座位外，特別設置高度較高的位置，利用不同餐桌椅變化出餐廳層次，讓消費者每次前來都有不同的用餐感受，鐵件打造的屏風也形成一個安靜獨立的用餐區。攝影 ©Yvonne

335
水泥訂製桌帶給客人新鮮感受

延續空間整體設計，二人到四人座位區的黑白色系座椅，藉由不同款式增加變化，桌子則是以水泥和鑄鐵特別訂製而成，鑄鐵桌腳帶入古典元素，水泥桌面則給予客人視覺與觸覺新感受，至於座位區細心安排的光源設計，不只擔負照明用途，細緻的光線變化，也替空間帶來更多層次。圖片提供 © 涵石設計

335

材質 ｜ 水泥、鑄鐵

336

336
運用材料特質創造趣味感

小酒館一樓牆面以栓木鋪陳，力求乾淨襯托基調，針對現今酒館餐飲型態，牆面利用斜紋實木創造文字符碼帶入趣味性，白天隱約出現，夜晚燈光襯托更為明確。桌椅則是量身訂製，椅背的房子造型呼應店名家傢酒，椅腳則是呈不規則狀，隱喻微醺狀態下的肢體表情，透過不同物件、材料的運用，不經意地創造令人會心一笑的絕妙設計。圖片提供 © 開物設計

337
用顏色和桌椅創造三度空間

以深褐色和博藍色為成的牆面作為空間，不僅吸光且光效果絕佳，同時牆面也能作為展覽用。走道中央擺放的書本桌台，常洽五貫的聖福擺物，日十的蜘蛛燈泡晚上切換為 LED 燈，黑色大化板一閃一亮的，別具夢幻醉人氣氛。攝影 © 李永仁

338

338
全室空間傢具灰白色調輕巧感

因喜愛水泥創作，地板採取水泥粉光工法，桌椅搭配鋁合金材質的海軍椅，營造輕巧的空間感，加上窗台庭院景致映入室內，讓人更為放鬆。攝影 © 李永仁

339
善用陳列點綴空間

沿牆規劃酒品陳列展示區，佈滿牆面的設計形成數大便是美的驚人感受，運用木製層板和鐵件的開放式櫃體，簡約不厚重的線條，成為入門吸睛焦點。天花則用格柵修飾，穿透的設計巧妙避了天花變矮的視感，木質的溫潤味道也增添空間暖度。攝影 © 葉勇宏

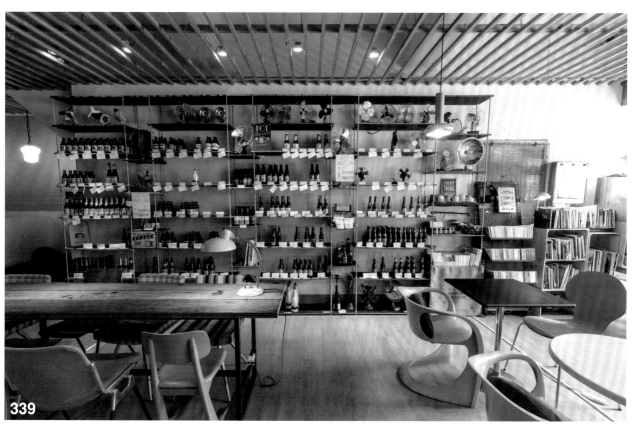

339

340

342

復古矮桌、吊燈 | 國外購得

041

材質 | 木料 | 傢具 | 二手傢具

340+341
跳脫制式安排，以沙發創造空間豐富層次

若都是統一制式的桌椅，難免讓空間看起來過於
單調，因此在靠落地窗以及書架前各自規劃出沙
發區，靠窗處可讓人慵懶地享受陽光與咖啡，靠
書架區則可以最放鬆的姿態看看書，藉由座位安
排豐富空間，也滿足客人各自需求。攝影 ©Yvonne

342
獨立和室創造隱密角落

整體空間籠罩復古情調，因此刻意另外設置獨立
和室區，甚是搭配不同形式的復古矮桌，豐富視
覺感受，創造東味日式空間氛圍，和室獨特的坐
臥感受，讓身體能慵懶伸展，宛如在家中般閒適
自在，打造令人放鬆的獨特氣息。牆面的清新綠
意與木質天花相輔相成，更添悠遊自然的氛圍。
攝影 © 葉勇宏

343
新舊融合的舒適角落

為了打造舒適及放鬆的環境，因此在座位上並不拘泥於制式安排，以芥末黃的絨布長沙發做為視覺焦點，搭配不成套的古董椅及單人沙發，利用古典原素統一風格，以不同造型增添變化，巧妙營造出一個有如在自家客廳般的舒適角落。圖片提供 © 涵石設計

344
室內窗穿透又創造空間層次

以佈景概念做空間框架，店內空間夠大，座位區桌位也留出舒適寬敞的問距，店主人親手打造的仿舊木質感隔間牆，以及舊窗框改造的壁面裝飾，作出室內窗景的效果，創造出座位區的層次感，再利用吊燈和日雜手感小雜貨，讓空間豐富而溫暖。攝影 © 葉勇宏

343

材質｜水泥粉光、霓虹燈

344

材質｜漆料、木

345

傢具工廠訂製傢具｜集成實木、鐵件｜
約 NT.3,000 元～ 5,000/ 張

345
沿牆面安排餐桌椅形成引導動線

座位區以基本的 2 人座餐桌椅為基礎，方便依照
不同的人數組合成 4 ～ 6 人座位，餐桌椅沿著牆
面安排，形成中央明確走道，引導消費者順著動
線入座。圖片提供 ©for Farm Burger 田樂

346
拱門、紅磚道的歐風氣息

這一區保留建築內既有的拱門與紅磚廊道等格
局，並將之化作餐廳座位區的特色，希望讓在此
用餐的人能夠因為不同的建築高度，而感受到不
樣的空間氣氛；另外，古堡般的特殊漆牆與科
灑的落地窗採光，也給用餐者更悠閒的心情。圖
片提供 © 禾方設計

346

傢具｜桌椅風格是蒐集不同類型的舊家具再利用；
材質｜紅磚、特殊漆

347
座位高度差創造不同視野

規劃空間較大的餐廳時，在座位安排上會多考慮用餐者不同的視野，所以高度會有所調整，同時也可透過主題區的設定或牆面彩繪等來營造不同區域氣氛。另外，考量餐廳範圍大，特別將送餐動線做樹枝狀設計，以提升送餐動線的流暢性，同時也要將主動線放寬設計。圖片提供 © 禾方設計

348
深藍色牆形成視覺亮點

原本設定為搖滾舞台區，因此在牆面漆上顯眼的深藍色做背景牆，目前則規劃成四人以上的座位區，不過由於最近共桌概念漸漸形成，也適合同時好幾組一至二個客人一起使用，延續老闆喜愛的美式粗獷風格，傢具也選用有時間感的二手傢具。攝影 ©Yvonne

347

傢具｜桌椅風格是蒐集不同類型的舊家具再利用。
材質｜紅磚、牆面彩繪

348

材質｜漆料

249

材質｜水泥紋磁磚、花磚

349
黑白灰堆疊空間豐富層次

最大面積的地坪選用灰色水泥紋磁磚做鋪陳，接近吧檯處則以灰色花磚環繞吧檯做設計，利用花紋豐富容易顯得單調的灰，座位區椅子雖也選用黑白兩色，但利用多種不同款式增加視覺變化，其中更穿插幾張木椅，替冰冷的空間注入溫暖元素。圖片提供 © 涵石設計

350
倍感親切的馨暖木頭質感

空間內部的大化板跟局部牆面，使用大量松木展現和煦溫度，素材不以加批理提升存在，當幼兒覺很舒服的撫觸。靠齒是一列麵包展示檯，隔著輕透的落地玻璃窗，焦黃油亮的光澤與香氣，惹得人垂涎欲滴。圖片提供 © 六相設計

350

麵包展示架｜高 90× 寬 80× 深 40 公分
材質｜金屬腳架、枕木檯面

351

材質｜台南老窗、舊木箱｜訂製桌｜棧板、鐵件

351
台南老窗組構成獨一無二收納牆

平時有收集老窗嗜好的老闆，索性和設計師將從各地收集而來的老窗細心排列組成一道獨特的牆面，窗面釘在木箱上再以積木概念嵌入接合，不只形成引人注目的裝置藝術，同時又是具實際功能的收納牆，更替座位區帶來有趣的話題。攝影 ©Yvonne

352
以愛犬圖像帶出視覺趣味

店家飼養的可愛柯基犬，也是店裡的活招牌，吸引許多喜愛寵物的客人上門消費，順便分享人與毛小孩發生的感人片段，年輕的老闆夫妻特地將狗的形象轉成平面圖案，成為牆上醒目的視覺焦點，享受美食之餘，還能擁有可愛小夥計的熱情陪伴。攝影 ©Amily

352

材質｜馬賽克拼畫

353

傢具｜歐洲跳蚤市場

354

訂製傢具｜樺木夾板｜圓桌約 NT.7,500 ～ 8,000 元／張｜
4 人長方桌 NT.9,200 元／張｜椅子 NT.3,800 元／張

355

訂製傢具｜實木、鐵件

353
走進日雜手感的戶外座位

院子的架高平台區善用老公寓的優勢，透明採光罩和矮牆，搭配較低矮的座椅，營造自然休閒的無壓氣氛，並透過植栽、小木馬、三角旗妝點出可愛溫馨又不失質感的空間氛圍，同時是店休時店主人從事木工興趣的場所。攝影 © 葉勇宏

354
幾何造型傢具兼具實用與造型趣味

主要用餐空間採用玻璃窗為隔間，既可以引入較溫和的自然光線，同時呈現空間的純粹明亮質感，搭配長形、圓形及吧檯式座區，能靈活對應不同人數的消費者，也為簡約空間帶來和諧不突兀的趣味變化。圖片提供 © 直學設計

355
天然質樸素材營造輕鬆休憩角落

位在角落的椅子特別以店名打造出「ON」的造型，牆面則貼覆帶有金屬質感的大面銅色鏡，反射書牆特色同時具有放大空間感的效果，並作為店名的主視覺展現，椅子為長腳椅件，加上工業風格吊燈，整體與水泥打造的空間營造出放鬆自然的氛圍。攝影 © 葉勇宏

訂製傢具　舊木、鐵件

356
自製手工傢具靈活變化空間樣貌

雖然健康飲品以外帶外送為主，仍希望為都市裡的顧客留下一區可以休憩的角落，將空間右側牆柱後方規劃為簡單座區，延續整間店的樸實風格，以自己打造的餐桌與幾個可作為收納的木箱搭配，創造出可靈活移動的傢具，方便隨時調整創造多變的空間感。攝影 © 葉勇宏

357
歐式情調的戶外座位

利用庭院空間，架高木地板設置戶外座位區，也是貼心為客人設想候位的暫時等待區；選用耐候的戶外傢具，即便是風吹雨淋也不致毀損。牆面以板岩磚鋪陳，展現歐洲古堡風味，上方加裝可伸縮遮陽篷，天藍色系是招牌的專用色，呼應整體自然清新的休閒氛圍。攝影 © 葉勇宏

357

材質｜南方松、板岩磚

材質｜漆料、木箱

訂製傢具｜實木、鐵件

359

360

訂製咖啡桌｜約 NT.8,800 元 / 張

椅桶｜慕森 Nick 新亞麻、Mofu green city、米白 green city

358

為小朋友打造專屬空間

有感於小朋友與大人使用空間方式不同，因此利用木板將空間做出區隔，闢出一塊小朋友專屬區域，位於靠窗處不只光線充足，牆面顏色也有別於空間裡的白牆，漆上鮮豔的藍綠色，傢具當然也是依小朋友適用尺寸訂製，而以木箱組成的收納牆則方便讓小朋友自主做收納。攝影 © 葉勇宏

359

運用鏡面和鏤空樓梯有效放大視覺

在面寬不寬的限制下，座位和櫃檯分別沿牆設置，擺放訂製的小巧圓桌留出中央通道。利用屋高優勢，設計二樓夾層，有效設置更多的座位區。鏤空鐵件樓梯不僅呼應整體的簡單俐落風格，再搭配下方的鏡面在小坪數空間中延伸視覺，讓空間更放大。攝影 © 葉勇宏

360

文藝慵懶的沙發座席

店內在角落規劃整排沙發區，採用灰色椅並苦色坐墊搭配輕軟抱枕，強調來自居家的舒適度，並以溫潤質材作為背牆基底，妝點幾幅黑白相片，天花板則懸吊低調且溫暖的燈飾，營造文藝氣息與慵懶氛圍。圖片提供 ©JCA 柏成設計

361

頗富異趣的連貫秩序感

天花板作出重複的框架元素，解構木箱後將不同角度的框架做出結合，衍生頗富異趣的連貫秩序感。店內座位約 30 席，除了開放座位區之外，後方更規劃一處可容納 12 ～ 15 人的包廂區，外頭配置簾幕做出完好的隱私區隔。圖片提供 ©JCA 柏成設計

362

沿牆擺設的小巧卡座

店內裝修一開始就設定木頭與 Tiffany 藍色系兩大主題，其餘牆面留白避免壓縮空間，乾淨的牆面上點綴可愛壁貼圖案，並沿著腰牆擺設小巧卡座，儘可能保留舒服的行進動線，桌椅以木材料為主，椅子也特地挑選復古教室椅來搭配。攝影 © 葉勇宏

361

桌｜加拿大冷杉｜訂製無扶手布坐椅｜紫布 NICE 新亞麻、灰布 green city、米白 green city｜約 NT.6,000 元 / 張

362

小方桌｜高 75× 寬 60× 深 45 公分｜木頭、金屬

363

傢具│回收實木│牆面│黑鏡、梧桐木

364

365

材質│超耐磨地板、塗料

363

降低桌椅高度，暗示空間用途

在店面兩側分別有柱體遮擋，櫃檯順勢沿柱體後方開始延伸，柱體前方則利用空間設置座位。以回收實木製成的長椅，刻意與茶几同高；低矮的桌椅在視覺上能不佔據太多空間，且不適合久坐，可作為外帶的臨時等待座位。背面的黑鏡不僅有效反射空間，也與對側黑色牆面相呼應。攝影 © 葉勇宏

364+365

雙人桌椅機動性強

由於格局縱深較長，沿牆面安排座位區讓出走道，配直兩兩成對的雙人桌椅，不論是一人、兩人或多人都可以自由獨立或合併，座位安排的機動性強。走道底端的空間則陳列整面書牆，形塑獨立書房，再配上沙發和單椅，就像在家中般自在。攝影 © 葉勇宏

367 利用吧檯桌善用畸零空間

由於店面位於轉角處,且面向道路一側為斜角,而多出了畸零空間,因此利用大面落地窗延伸向外的視線,讓空間不致太狹窄。並使用二手回收木沿窗設置吧檯,有效運用坪效。另外,此處也可作為對外展示的窗景,透過花飾、招牌 logo 藉此吸引客人目光。攝影 © 葉勇宏

368
布質餐椅營造客廳般的舒適度

空間以樑柱為分界,將座位區區隔出較為開放的外區,及較為安靜隱密的內區,相較於以 2 人座為主的外區,內區隔著鄰窗多了 4 人座的沙發座位,更能享受不被打擾的安靜氛圍,搭配實木與布質的餐桌椅,傳遞出令人卸下心防的居家溫度。攝影 © 葉勇宏

材質｜水泥粉光、漆料、木

訂製傢具｜實木、鐵件

皮革沙發｜高 78×寬 150×深 78 公分
木頭、PU 乳膠環保皮革

368
運用植物和少量色彩添生氣

原本老屋隔間未更動，拆掉的窗和門形成兩個
既獨立又具動線引導的空間走道設計。為了避
免室內全白色過於單調，牆面的黃色彩漆簡單
不複雜，植物吊燈也讓無採光的室內隔間增添
生氣。攝影 © 李永仁

369
架高戶外座區以落差高度創造自有天地

順著建築原本的架高設計，規劃可以吸煙的戶
外座位區，並配合外觀設計搭配全黑色戶外傢
具，使整體外觀看起來井然有序；架高的平台
脫離人來人往的人行道，居高的視野給人遠離
煩雜的悠閒感受。攝影 © 葉勇宏

370
超適合聚會的沙發卡座

雖然店內空間不大，不過角落處店家精心打造
的沙發卡座，卻是非常舒服的 VIP 呢！以招牌
人物插畫圖案做成人型馬賽克拼畫，是整個空
間最吸目的視覺亮點，搭配經典剪裁作工皮革
沙發，最適合三五好友聚會閒聊，享受愉快的
午後時光！攝影 ©Amily

371

371+372
改造廢棄傢具門片成亮點
原本已搖晃破損的廢棄小學課桌椅，在熱愛木工的店主人巧手改造後，重新加強結構、上漆，換上和木地板相襯的桌板，成為獨一無二的復古傢具。購自九份廢棄的日式住宅室內拉門，改造為懷舊的入門拉門，不造作的斑駁感更增添淡淡日雜情懷氣息。
攝影 © 葉勇宏

舊檜木門，DIY 修補 | NT.3,000 元

材質｜強化玻璃、實木、鐵件

材質｜木夾板｜沙發｜二手老件

材質｜實木、磁磚

373

穿透玻璃和材質延伸營造放大空間的效果

一入門即可看到座位分佈於左右兩側，利用玻璃隔間另外分割出獨立用餐區，多人聚餐笑鬧也不怕影響其他客人，可提供公司行號作為外出開會的最佳場所。入口門片寬度加大，展現門面的恢弘氣勢，木質調性從門口延伸至天花，格柵天花分布內外隔間，有效延伸視覺，即便是獨立隔間卻覺得空間一點都不狹小。攝影 © 葉勇宏

374

吧檯座位區增加互動機會

吧檯座位區雖然鄰近入口處，但若是一個人的客人，倒也剛好可以和座位區的人區隔開來，享受屬於一個人的寧靜，又或者對咖啡有興趣的話，可以選擇這個座位，和老闆聊聊咖啡，吧檯高度剛剛好，互動、聊天相當方便。攝影 © 葉勇宏

375

巧用磚面粗獷感呈現空間層次

店面利用老公寓改造，因此以復古為基調，牆面沿用傳統二丁掛的砌磚方式，在一片素淨的空間中，利用磚面的粗獷感展現視覺層次，不刻意用過多裝潢，僅呈現空間原形再擺放幾張桌椅，拉大的桌距讓用餐感受更加閒適不緊繃。攝影 © 葉勇宏

376
裸露天花提升視覺高度

由於餐廳為超過 30 年的老舊公寓，天花板較為低矮，為降低壓迫感，設計師將天花板刻意裸露，形成拉高的視覺效果。軌道燈的設計除了具原始感，也能隨業主需求調整光源的角度，提升空間使用機能性。圖片提供 © 禾境室內設計

377
溫馨暖色調鋪陳出居家親切感

室內空間以暖色調營造有如家一般的溫馨感，座位區依前來消費的顧客形態規劃，在接續入口的外側座位區以 2 人座位為主，也可以機動性的合併成 4 人座位，並以舒適不擁擠的間距配置適當座位數，讓人從外面踏入店內隨時都能感受輕鬆愉悅的心情。攝影 © 葉勇宏

376

軌道燈｜軌道 2 尺

377

訂製傢具｜實木＋鐵件

材質｜水泥粉光、木作、油漆

訂製傢具｜實木、鐵件

378
手感線條創造白牆的層次感

咖啡館主要還是以白色、木色為主，藉此襯托陳列的飾品、傢具和花藝，然而在內側的 4 人座區，白牆上一道手感線條，則是設計師特意表現層次感，地坪更是運用水泥與木作作為拼接，利用材質界定環境，也成功帶出獨特的材質反差效果。圖片提供 © 鄭士傑設計有限公司

379+380
街坊共享的藝文空間

「鹿角公園」不僅是一家重視空間氣氛、食材新鮮健康的美食餐廳，更是一家樂於跟街坊鄰里共享人文藝術的藝文空間，店家經常與新銳藝術家或各類型文創團體合作，在店內提供無償的展示空間，甚至還準備了大面黑板供藝術家們自由創作，味蕾享受之餘，心靈層面也同獲滋養。攝影 ©Amily

381

材質｜杉木、護木油、漆料

381
滿足各種放鬆姿態的座位想像

一開始就是以客人各種放鬆姿態作為座椅安排的想像，因此沒有過於制式規律的桌椅規劃，取而代之的是以可坐可臥的單椅、沙發、椅凳等各種形式的椅子隨興組合，形成一個能滿足每個人放鬆需求的座位區，大量運用木素材形塑空間療癒、內斂調性，適度以深咖啡色沙發及深藍牆色增添活潑氣息，豐富視覺感受。攝影 © 葉勇宏

382
改變座位形式確保走道寬敞

在畸零空間安排沙發座位，位於內凹處剛好獨立於其他區塊，感覺更為隱密、放鬆，鄰近沙發區坐椅改採吧檯形式，可避開一般坐椅與沙發椅距離過近的尷尬，也留出入口處寬裕的過道空間。攝影 ©Yvonne

382

材質｜水泥粉光

材質｜磚、水泥板、超耐磨木地板

材質｜超耐磨木地板

材質｜水泥粉光

383

色彩傢具注入空間活潑氣息

大量選用木素材，牆面則是磚牆和水泥板拼接而成，材質具質樸、療癒感，座位安排刻意選擇不同款式、材質與顏色，每一桌以三種不同元素的椅子作為搭配原則，藉此讓空間變得更為生動有活力，同時也豐富視覺感受。攝影◎葉勇宏

384

利用冷硬元素替鄉村風注入個性

配合主要販售的美式糕點，以鄉村風作為空間主要風格，不過鄉村風給人印象過於女性化，讓想上門的男性顧客有所顧忌，因此僅利用線板、碎花壁紙帶出空間風格元素，搭配座位區工業感傢具注入個性，選擇白色且搭配木素材款式，是為了淡化金屬的冰冷感。攝影◎葉勇宏

385

窩在沙發慵懶一下午

規劃低矮的沙發區，除了藉由高低視差讓整體空間變得更為豐富有變化外，也是希望讓客人可以以最放鬆的坐姿，享受咖啡館自在的氛圍，並且選擇和木色接近的咖啡色及咖色色調統一視覺，避免顏色過多讓空間變得太過複雜、混亂。攝影◎葉勇宏

386

材質｜杉木、護木油
單人皮椅｜NT.4,000 元

386
木箱取代坐椅讓座位調配更靈活

考量長型空間過窄，因此座位採用長型木箱靠牆拼成長條座椅取代單人椅，也留出走道空間確保行走動線順暢；訂製坐墊增加坐椅舒適度，並在靠窗位置以木作打造高背平檯取代椅背功能，讓客人能放鬆往後靠一點都不累。攝影 ©Yvonne

387
改變座位形式，區隔空間氛圍

客人來到這裡，有人用餐有人只是想放鬆，因此除了多數的用餐區座位外，另外規劃出一個沙發區，沙發材質及造型原本就給人舒適感，加上沙發椅高度低於一般單椅，視線高度變低，更讓人感到放鬆、慵懶，而藉由高度及座位刑式做出變化，空間也因此更顯豐富與多層次。攝影 © 葉勇宏

材質｜木夾板｜沙發｜二手老件

388
材質｜超耐磨木地板

389
材質｜鐵木

390
材質｜磨石子、木夾板
計鏡板、鏡的板、鐵件

388
彩色復古學校椅活潑空間感受

由於房子基地正中間為結構樑，因此座位區便
沿著結構柱與窗邊做規劃，喜歡木頭溫潤質感，
傢具皆選擇以木材質為主，不過太一制的質材容
易顯得單調，因此單椅便採用復古德國學校椅，
讓色彩豔的椅子自然豐富空間並注入活潑氣息。
攝影 © 葉勇宏

389
繁忙都市裡的悠閒一隅

以鐵木取代一般外露陽台、庭院常用的南方松
木地板，不只更為環保，色調、質感也與室內
相呼應，少量規劃座位，維持室外區域的開闊
感，並選用木折疊椅當坐椅，藉此營造出與室
內空間不同的渡假氣息。攝影 © 葉勇宏

390
不受限的共享桌概念

空間小擺太多桌椅既讓空間變得狹窄，也不見
得能增加客席數，乾脆帶入共桌概念，以一張
大桌子作為主要座位區安排，大桌子擺下剩
餘空間不足以再安排座位，於是利用書牆最下
層層板設計成吧檯式座位增加座位數，由於吧
檯桌面面寬較窄，也不影響來往行走空間。攝影
© 葉勇宏

391

材質｜清水磚

391

雙人床鋪座位營造家的輕鬆自在

位於狹長型空間中段的座位區，利用清水磚做出磚牆效果，讓過長的牆面增添視覺變化，在固定的二人座位後面加入雙人床鋪座位，則來自店長曾身為背包客的貼心巧思，希望藉由可躺可臥的床鋪坐椅，讓客人有如在自家般放鬆、自在。攝影 ©Yvonne

392

融入古典元素增添空間變化

呼應空間風格，座位區傢具也採用具工業風元素的款式，但風格過於單一容易淪於單調，因此座位區背牆以線板及輕淺色調將古典元素融入工業風，藉此跳脫原本想像增加變化，也藉由柔和的古典元素注入較為溫馨的用餐感受。攝影 © 葉勇宏

392

材質｜超耐磨木地板

393

材質｜水泥粉光

393

高低層次讓空間更具多變

在空間規劃上將部分地坪架高，形塑高低不同層次，而座位安排也順勢以此原則做安排，利用沙發、單椅等坐位高度的不同營造視感落差，進而讓空間感受更具動態，也變得更為有趣多變化。

攝影 © 葉勇宏

394

不擁擠的悠閒深得人心

從門口到底端大面積的落地窗，在面積很小的

⋯⋯著⋯⋯的規劃尺度，二五⋯⋯⋯上，一邊品嚐店家手作的美味糕點，一邊還可以欣賞流動的街景，享受悠哉的午茶時光，整個空間沒有過多的裝潢，不擁擠、不趕時間的輕鬆感舒適宜人。攝影 © 葉勇宏

394

窗邊長檯｜長 300×寬 45×高 100 公分
夾板木作

395
控制座位數保留空間感

這是一個咖啡與藝文空間結合的空間，因此座位數以讓空間不擁擠又開闊做規劃，藉此營造如藝廊般的寧靜沉穩，色系以極簡黑白維持視覺乾淨，也便於未來展示品的擺放，天地壁選擇以材質原始面貌呈現，將容易讓人感覺有距離的藝廊空間拉回親切、舒服的咖啡館調性。攝影 © 葉勇宏

396
訂製傢具取代單調制式感

傢具款式過多容易讓空間顯得凌亂，因此將最多也最好靈活調配的二人座位區統一桌椅款式，但為避免太過制式且更符合空間尺度，以訂製傢具取代現成桌椅，桌椅的鐵件元素，替溫暖的空間裡注入個性；椅面採用舊木料修飾乾淨線條，讓觸感更為柔和也多了手作溫度。攝影 © 葉勇宏

395

材質　水泥粉光、磚、漆料

396

材質 | 松木、柚木、舊木料、鐵件
椅子 | 深約 40 公分、高約 45 公分

397

材質｜鍍鋅鐵板、漆料

397

鏽色鍍鋅鐵板製造空間視覺焦點

打破一般常規，以鍍鋅鐵板將座位區與廚房區隔
開來，鍍鋅鐵板原本的金屬色放在食欲空間裡太
過冷硬，因此漆上明亮、引發食欲的橘色，讓這
道特別的隔牆成為最吸晴的一道牆，冷調的空間
也有了溫度。攝影 © 葉勇宏

398

以少量座位強調空間風格

過多座位不只容易讓空間變得擁擠，也會讓空間
風格失去原本應有的味道，因此以二人一桌形式
少量安排座位，選用到味的工業風傢具，讓座位
區更融入整體空間風格，也讓人一進到這家店，
便能立刻感受到最純粹的工業風。攝影 © 葉勇宏

材質｜水泥粉光

399

傢具工廠訂製傢具｜木作＋鐵件

399
質感對比的平衡營造衝突美感

主要座區沿著斑駁牆面配置至底端，牆轉換成能投影影片的白色牆面，讓咖啡館形式與形態有更多可能性，而滾著華麗古典畫框的餐桌，與粗獷的空間在新與舊，古典與現代之間交會出後現代的美感，刻意調暗的燈光形成安靜低調的氛圍，成為創作者發想創意的私房基地。攝影 © 葉勇宏

400
以經營型態設計座椅巧思

原先以烘焙咖啡為主的工作室概念，店主刻意不設多人座位，僅沿牆面設置單人座位區，預設停留時間不久，客人品嚐並挑選咖啡豆離開。因此店主依照自身習慣的高度，量身訂製桌面和單椅，同時牆面設計一系列的陳列，豐富視覺效果之餘，也有展示實用功能。攝影 © 葉勇宏

400

訂製傢具｜NO.5 加工廠｜高度 90 公分｜實木＋鐵件

401

材質｜水泥粉光

401

隨興安排打造專屬角落

由於原始基地不夠方正，加上咖啡廳同時結合創
意商品展示區，因此座位跳脫制式，以隨興自由
的方式來做安排，雖然有的位於較畸零或偏僻角
落，卻也頗有個人專屬座位感，座位散佈於空間
各角落，因此傢具統一款式，避免空間因此變得
雜亂。攝影 © 葉勇宏

402

廢材再利用的環保精神

店內地坪保留舊建築的水磨石子，刻意刷成暖灰
色調十分柚，洋溢自然不做作的倉庫風情，配合
空間結構柱特製的木頭長桌，很巧妙地將空正的
柱丁變成長眾落的 部份，最特別的是店家以廢
材拼接而成的幾何桌面，造型圖案獨 無二且富
設計感，積極落實友善地球的環保精神。攝影 ©
葉勇宏

402

木製長桌｜長 320 × 寬 120 × 高 75 公分｜廢材、鐵件

403

403+404

紅色磚牆形塑座位區空間個性

將空間裡的一面牆打掉漆面恢復原來的紅磚牆，讓磚牆成為座位區搶眼的特色之一，牆面視覺強烈，在傢具選用上則適合以簡單款式搭配，因此選用相近特質、線條簡單的木質桌椅，另外加上布質椅墊增加舒適感。攝影 © 葉勇宏

404

405

沙發卡座｜一人座寬 100× 深 50 公分、二人座寬 130× 深 50 公分
材質｜木作、貼皮、絲絨布料

406

材質｜超耐磨木地板、黑板漆

407

材質｜磨石子

405

訂做沙發卡座柔軟舒適

設計師利用色彩和訂製傢具完成場域區隔，其
中以粉膚色絲絨為裱布的沙發卡座，分別規劃
兩人座和四人座，乘坐感非常舒適，周邊大量
的木質語彙也釋放出和緩、悠閒的自然感。圖片
提供 © 地所設計

406

有如坐在草坪上的輕鬆自在

希望將植物元素帶入空間，因此在入口座位區
鋪上綠色地毯增添些許綠意，擺放沙發椅則讓
有如坐在草坪上的客人，坐姿因此可以更為慵
懶、放鬆；呼應地坪綠意，黑板牆方便隨時手
寫的自由也增添了此區隨興趣味感。攝影 © 葉勇宏

407

融入新概念讓大桌運用更靈活

無論桌方人多人少是……以人使用的習慣，也隨
著出簞、桌子的概念慢慢形成，一些人各行小
再是團體客人的專利，一個人、二個人都很適
合，也因此原本被認為難以安排的坐椅形式，
反而成了最能自由安排活用的座區。攝影 © 葉勇宏

408

優雅復古的英倫風情

店內靠窗的這區情境氣氛截然不同，地面鋪設局部復古磚與 PVC 木紋地板做跳色處理，營造類似鋪了地毯般的區域效果，大面窗迎入明亮採光，令人神清氣爽，黑色皮革拉扣繃製的長沙發座，很適合多人聚餐，沈穩的色彩控制頗具英倫風情。圖片提供 © 地所設計

409

緩慢優雅的用餐時光

餐廳中央地面刻意以花磚鋪設出類似地毯的視覺效果，方桌、圓桌穿插擺設的手法，讓人員行進間也不致干擾其他來客，外觀使用的酒紅色古典牆也沿用到室內，營造前後呼應的設計語彙，整體的情境照明傾向柔和、微昏黃的照度，自然而然發揮情緒舒緩的效果。圖片提供 © KC DESIGN

408

黑色皮革沙發｜長 150× 深 50 公分｜木作、皮革

409

材質｜磨石子

410

材質｜水泥粉光、磚

410

靠牆安排座位確保走道寬敞

狹窄空間勢必會遇到座位與走道安排問題，因此確定中間為主要行走動線後，座位便靠兩邊安排，一側以一般座椅形式，入口左側則改採吧檯座位設計，藉此與工作吧檯做串聯，也解決客席數與空間不足的問題。攝影 © 葉勇宏

411

舒服又寬敞的客座設計

店內的客座佈置非常寬敞，不因考慮翻桌率與戰客數而讓店內顯得擁擠，尤其是靠進落地窗附景的消地面前位置，自然擺了僅要四人入座的舒服沙發椅，可以一邊欣賞車水馬龍的景致，一邊品嚐美味的糕點、輕食與咖啡、獨創的風味茶飲，真是令人開心。攝影 © 葉勇宏

材質｜水泥粉光

412

質地清新的白色天地

整個店裡鋪設淺色木紋PVC地板，並以大範圍的白描繪空間輪廓，但局部穿插刷淡的色塊增加視覺層次，店裡的桌椅傢具雖然都是以IKEA採買為主，不過卻很符合事前設定的北歐休閒風格，刻意將管線外露的裸式天花板，則增添微量的工業風氣息。攝影 © 葉勇宏

413

懷舊材質打造隱密小餐館氛圍

半戶外地坪利用仿陶磚的懷舊質感，替空間形形塑出有如歐洲小餐館的愜意氛圍，也呼應原始紅磚牆與木牆的質樸感，坐椅採用一大桌四人一桌形式搭配，希望在增加座位數之餘，也不要變得太過擁擠，讓空間失去原本的閒適感。攝影 © 葉勇宏

412

材質 | pvc 地板

413

材質 | 磁磚、紅磚、磨石子

414

材質｜超耐磨木板

414

變換座椅形式強調放鬆感受

希望來到店裡的客人不要太過拘束，因此除了二人一桌的座位安排以外，另一面窗邊座位改以訂製長條椅搭配單椅，長條木椅鋪上坐墊加強舒適度，也讓客人可以放鬆倚牆而坐，椅子下方則設計成收納空間，收納量強大可解決收納空間不足的問題。攝影 © 葉勇宏

415

靜謐清新的日式風韻

店裡另一側的芥末綠色的沙發卡座，這個角落也以日式可風情相當濃郁的日式，除了可應店家喜愛，也選擇很方和除了風情的冰咖座品，鐵白松樹與木作上櫃的組合，也為店內提供實用的收納空間，鐵灰色系的牆色搭配芥末綠色皮革沙發，很有夏日裡的清涼意味。攝影 © 葉勇宏

沙發卡座｜背高 57 X 深 48 公分｜木作、PU 乳膠皮革

416

材質｜鋼刷超耐磨木地板

416
大桌共享座位反而更彈性

基於空間舒適度考量，二人一桌的座位安排容易讓空間變得太過擁擠，因此改以多人共享一張大桌子的型式，實際使用時，也發現客人並不排斥這樣的座位，而且這樣不論一個或二個人甚至三個人都適合，座位的調度反而變得更有彈性。攝影 © 葉勇宏

417
輕鬆悠閒的美式工業風

因為座落角間，讓店內擁有兩面直角銜接的大落地窗，就算白天不開燈，採光也是一級棒，刷成鐵灰色的裸式天花板，勾勒個性十足的工業風背景，看來非常隨性的座位佈局各異其趣，提供來客一處可以輕鬆享受美食的舒適環境。圖片提供 © 地所設計

417

黑色木質長吧｜長 240 公分 ✕ 寬 70 公分 x 高 100 公分
材質｜白巧克力磚、美耐板貼皮

材質｜紅磚、水泥粉光

418
享受都市的自然綠意與陽光

因為老屋所以才能有這多出來的小庭園，於是這
裡安排了幾個簡單座位，不因為是戶外空間就隨
便，桌椅都是特別挑選老舊二手傢具延續空間風
格，讓坐在這裡的客人不會感覺遷就，而能悠哉
地享受陽光欣賞周遭的花花草草。攝影 © 葉勇宏

419
以白色吊椅延續門面清新印象

整體空間用色較為厚重，因此在接近入口處的座
位區，選擇以輕盈的白色吊椅形塑入門清新的第
一印象，少見的吊椅設計更替空間帶來了話題，
雖然有人質疑實用性，但其實加了布質椅墊的吊
椅不只有趣，意外地相當舒適。攝影 © 葉勇宏

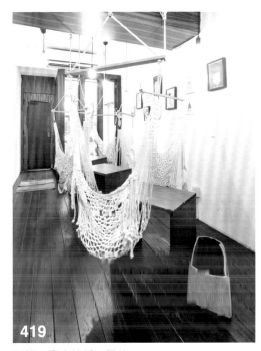

419

材質｜實木地板、吊椅

420

偽裝鐵捲門的牆面造型

店裡有一面看起來像極了鐵捲門的黑色造型牆，乍看之下會以為門後還有其他空間，其實這是設計師特地以板材一塊塊上漆、拼接出來的做鐵捲門意象，最主要是呼應店內裸式天花板的工業風，而鐵捲門也是台灣傳統店面不可或缺的元素，不過這假的門可比真的還惟妙惟肖呢！攝影 © 葉勇宏

421

金屬格架巧作空間介質

入口處以兩座半人高的金屬格架採九十度坐向擺設，巧妙區隔空間裡外，其中靠門的一座還附設小巧的等候區座椅，妥善利用有限空間，而金屬格架內擺滿可愛的小花盆栽，一來活潑的綠意讓來客的心情瞬間獲得舒緩，而格架的穿透感足以界定空間而不顯壓迫。圖片提供 © 地所設計

白磚方桌｜高 70× 長 57× 寬 57 公分｜木作

421

金屬格架·大｜長 120× 寬 3 分 x 高 120 公分｜鐵件、木夾板

遠伴高腳桌，高 93×長 76×寬 61 公分 | 木頭、金屬

422

保留素淨白牆的藝文平台

空間裡多處白牆都不作任何色彩、硬體裝置，店
家解釋原因其一是為了保留空間的原有樣貌，讓
來客感受舒服、沒有壓力的用餐、喝咖啡氣氛，
其次也希望能將白牆當畫布，作為新銳藝術家舉
辦作品展覽的藝文平台，也讓來客在用餐時能順
道吸收新鮮的藝術養分。攝影 © 葉勇宏

423

植栽與溫暖的調性營造綠意感

設置少數區可組出傢具高低創造空間層次感，而
擺最舒適的布面沙發坐，也能在店裡希望呈
現的居家悠適氛圍，跳脫淺色為主的傢具，鮮明
綠色自然成為空間亮點。攝影 © 葉勇宏

材質：鋼刷超耐磨木地板

424
居高鳥瞰的夾層貴賓席

夾層區域其實面積不大，但除了輕鬆鳥瞰店內甚至戶外的景致，獨特的空間感也相當迷人，設計師以細緻的鋼筋焊接成精美扶手，斜頂的天花板延續OSB板的特殊紋理，更厲害的是使用雙色PVC地板，搭配繁複的人型拼工法，呈現牆面到地面的漂亮鋸齒圖案。圖片提供 © 子境設計

425
綠色牆面形成空間主視覺

座位區主牆選用復古黑綠色釉面磚，讓以水泥為主的空間，可藉此增加一點色彩卻又不失其沉穩基調，以外帶為主，因此在合理的空間下安排少量座位，桌子材質結合大理石與鐵件，椅子則選用木與皮結合的材質，利用軟硬元素中和空間裡過多冷硬材質而有的冰冷感受。圖片提供 © 隱巷設計

長桌｜高 75×長 140×寬 80 公分｜木頭、金屬

材質｜釉面磚、水泥粉光

426

材質｜水泥粉光、漆料

426+427
隨興安排營造無拘放鬆感

不同於一般制式桌椅以及規律的擺放，改以沙發、單椅、椅凳安排座位區，讓客人可以各種不同慵懶的姿態坐在這裡享受音樂、咖啡，傢具款式多樣，空間則維持極簡不多做裝潢，讓座位區的傢具成為空間裡真正的主角。圖片提供 © 就愛開餐廳

427

428

428+429

餐桌墊高強調舒適度

希望營造和式用餐體驗,但考量到用餐無法長時間跪座,因此將餐桌架高,視覺上仍保留蹋蹋米形式,但讓用餐的客人可以將腳放在桌子下方,舒適度增加空間線條也能保留原來的極簡。圖片提供 © 隱巷設計

429

材質｜超耐磨木地板

材質｜漆料

材質｜磨石子

木巴长沙发｜长 /60 公分＋ 350 公分 × 深 50 公分
同克｜咖啡桌，小们

430

輕淺木色營造空間溫暖輕盈感

二人一桌是座位區主要座位形式，可滿足二到四個人的客人，也可以拼桌以便因應客人人數較多的時候，將外觀木質元素延續至室內，桌椅皆選用淺色木質款式，淺色系有打亮空間效果，木則能帶來溫暖感受。圖片提供 © 就愛開餐廳

431

自然散發慵懶氛圍的沙發區

空間裡追求不是快速的消費行為，相反地希望客人可以慢慢地在這裡品酒或者品咖啡，因此以擺放舒適沙發坐椅，藉由沙發低矮的高度，營造輕鬆、自在氛圍，至於四人一桌則適合一群朋友聚會時做選擇。攝影 © 葉勇宏

432

特調色彩的另類古典

店內，為利用特調色彩中帶出濃特扎上開感，飽和度和冨高的濃綠色添其療癒之效，能適度舒緩現代人快節奏的緊張步調，裸式的大化板設計洋溢時尚工業風，凹凸起伏的管線結構，與米色厚軟的長沙發形成趣味對比。圖片提供 © 地所設計

433

特製高腳長桌｜高 120× 寬 60× 長 140 公分｜
木作、角鐵

433
棧板拼接的材質魅力

店內挑高達六米以上的超大面牆，無疑是設計師最愛的創意舞台，利用色澤深淺不一的廢料棧板，設計師以不規則的亂序、錯拼手法，展現木料本身的粗獷與自然感，不加修飾的生動肌理，襯托立體樹型伸展的美妙姿態，更棒的是附加其上的燈光設計，讓獨到的圖騰之美兼具實用性。圖片提供 © 子境設計

434
適合三五好友聚會的沙發聚落

店內角落規劃唯一的多人座位，也是唯一有沙發的位置，靠牆米白色的柔軟沙發，帶出舒適無比印象，很適合三五好友伴著咖啡香，相伴渡過一個愉快的下午，可容納多人共用的木質長桌，其實是利用廢棄棧板搭配鐵件重新組裝的實用創意。攝影 © 葉勇宏

434

棧板長桌｜長 200× 寬 140× 高 75 公分｜鐵件、棧板拼接

435

材質│磁磚、漆料

435+436
座位適量營造空間留白

咖啡館原本就該給人一種舒適、放鬆感，因此座位數量除了期實際考量之外，空間氛圍也應列入考慮，小小的空間不追求客席滿坐，簡單幾個座位，再擺上極具特色的桌椅，讓空間自然散發沉靜感，同時也展現這家店特有的鮮明個性。圖片提供 © 就愛開餐廳

436

437

437+438
架高地坪打造隱密座位

將地板架高並採用粗獷的 H 型鋼做格柵，讓位於房子樓梯處的長型畸零地，恰好形成一個極具隱密感的座位區，少量座位維持空間私密感；白色牆面則利用圖片、雜貨等點綴，讓原本的畸零角落變得更為精采、有趣。攝影 © 葉勇宏

438

材質 | 漆料、H 型鋼

439

439

以留白概念安排座位數量

利用質樸水泥，與空間裡的材質相呼應，完美呈
現冷硬、極簡的空間調性，傢具則選用線條簡又
具工業風款式，突顯空間希望呈現的人文感。圖
片提供 © 艾倫設計　攝影 © 鍾崴至

440

兩人一桌保持入口順暢

接近入口的地方為確保出入順暢，因此不適合再
擺放四人一桌的座位，改以二人一桌坐椅形式安
排，座位縮減也藉此留出出入行走的空間，避免
了入口擁擠狀況。圖片提供 © 就愛開餐廳

440

441

木質與淺色調形塑放鬆、舒適感

保留前一間店靠牆長條沙發椅，形成主要座區，格局方正因為入口處容易留下難以安排的畸零空間，反向思考以圓桌安排化解；也因此跳脫原本的方桌形式，讓空間產生趣味變化。圖片提供 © 就愛開餐廳

442

時光停駐的懷舊印象

從入口一進來不免會因為天花板上的鋼架、管線，觸動一種濃濃的懷舊印象，地面絕大部份都是以水泥粉光施作，外加保護漆來增加光澤感，左側沿著紅磚半牆屏風到方格窗前都裝設了長檯座位區，在這九十度轉折的區域裡，並使用回收的舊木地板跳色處理。攝影 © 葉勇宏

443

材質：黑板漆、進口壁紙

443+444

利用高度營造層次感

利用牆柱交錯組造空間層次感，也特性具高度的樂削造律動感，鄰近吧檯的座位區即以此為概念，確定了最舒適的沙發區之後，再來安排椅凳的一人四桌區，多變座位形式讓空間更為豐富，也創造更多引人矚目的視覺亮點。攝影 © 葉勇宏

444

445

材質 | 超耐磨木地板、漆料

445

狹長空間座位靠兩邊安排

座位的安排和動線有很大關係，以狹長型空間來看，主動線應規劃在中間，座位就順著動線靠兩邊安排，從主動線往兩邊擴散的上菜動線不只順暢，也留出客人移動空間，桌椅採用幾種不同款式淡化制式感，但以木材質為主強調溫馨觸感。圖片提供 © 就愛開餐廳

446

地、壁面材質立體連結，放寬空間感

在狹長型的店內空間，巧妙地將牆壁、地板與吧檯三個橫向面整合以磨石子材質做舖面，讓視覺有向左右發展的錯覺，且在座位配置上運用板凳或簡易桌椅設計，讓空間更寬鬆外，也更符合想喝杯咖啡、看看書的客人需求。圖片提供 © 力口建築

446

材質 | 磨石子

447

材質｜OSB 板

447

善用吧檯形狀增加座位空間

木素材可增加空間溫暖，但為避免單一材質過於
單調，因此除了白胡桃木之外，並以 OSB 板拼貼
吧檯立面，延著吧檯形狀設計位置，藉此增加座
席也有效利用空間。圖片提供 © 艾倫設計 攝影 © 鍾崴至

448

簡單素色自然融入老空間

除人花板的小火齒麗進自然光外，空間中過及加
入吊燈、桌燈等，光感從不同方式帶出洗牆效
果，看見時間溫度也帶出令人玩味的質感細節，
座席則延續老房子質樸調性選用素色沙發椅，讓
低調素色能自然融入復古空間。攝影 © 余佩樺

448

材質｜老木

449

材質｜水泥粉光

449
極簡冷調形塑人文氣息

空間雖然走極簡冷調風格，但在傢具則揉入木素材溫暖元素，深淺木色各有特色，與金屬搭配起來一點也不顯突兀，反而有種冷暖調和的視覺感受。圖片提供 © 艾倫設計　攝影 © 鍾崴至

450
磨石子牆為咖啡館灑下迷人黑幕

咖啡廳內部設計發想源自於具年代感的建築外觀，並將外牆抿石子材質轉為室內的磨石子牆面與地板，成為身兼書店與咖啡館的最佳背景；些許色彩傢俱則替空間增加活潑氣息。圖片提供 © 力口建築

450

材質｜磨石子

451

451

溫馨木感帶出鄉村田園調性

雖然大面積地坪使用的是水泥粉光，但藉由壁面
的文化磚牆，以及具木質感的鮮豔傢具，座位區
看起來一點都不冰冷，反而打造帶有點性格的田
園風格。圖片提供 © 艾倫設計　攝影 © 鍾崴至

452

讓出店內空間作歇腳的咖啡座區

羨慕窗內悠閒品味咖啡的客人嗎？何妨偷個閒也
找杯咖啡在廊下坐坐吧。賣的咖啡雖止是攻如此
小情形的輕閒快樂，也在牆邊擺出可售品的片價，
搭配左側名人簽名咖啡杯櫥窗而成為特色。或許
這樣設計也可移植在自家陽台。圖片提供 © 力口建築

452

453

材質｜漆料

453
以傢具型塑空間氛圍

想打造一個舒適的空間並不難，一張簡單的沙發加上復古木櫃，傢具材質本身蘊含沉穩的特質，自然而然能散發出令人愜意放鬆的氣息。攝影◎Amily

454
輕鬆享戶外的難得閒適

以木素材為主要使用材質，顏色則以黑白為主視覺，同時融合自然與簡潔二種元素，再搭配木質坐椅讓經常被忽略的戶外空間，變成更有型的座席。攝影◎Amily

454

材質｜漆料

455

材質：漆料

455

大桌共享產生更多可能

對應黑色天花板，牆面採用全然的白色，傢具則以二人一桌為主，另外設置大桌，團體客人方便使用，一個人的客人則免去與人併桌的尷尬，店家調配也更靈活彈性。攝影 ©Amily

456

書報置物架展現貼心的待客之道

對許多人咖啡館的客人，重點不只在喝咖啡，而是過過友人也傳了傳頭聊天，利用牆的左側上方有斜板架出的置物架，讓客人可以更無牽絆地喝咖啡，小設計不只給客人自在的時光，也更有設計感。圖片提供 © 力口建築

456

材質：漆料

457

夾層樓板｜長 300×寬 250×高 25 公分｜鋼骨、
鍍鋅鐵板、鋼筋扶手

457

金屬元素的前衛搖滾

考量店內擁有挑高六米餘的優勢，因此設計師加作
局部夾層，以增加可用的營業空間，樓板部份使用
H 型鋼骨打造穩定且安全的承重結構，鋼骨邊緣還
能作為展示格來使用，下方的座位區在天花板到牆
面的 L 型介面包上鍍鋅浪板，維持類似鐵工廠的獨
特風味。圖片提供 © 子境設計

458

流露古典氣息的特製沙發

店內空間一角規劃長排的沙發區，深咖啡色皮革加
上拉扣的椅面處理，散發一種優雅古典氣息，很適
合全家愉快用餐的背景，沙發區上方剛好有自廚房
向外延伸的排油煙管經過，使用鍍鋅鐵板包覆的量
體，在鐵灰的背景中點綴金屬光澤，也頗有摩登工
業風的味道。圖片提供 © KC DESIGN

458

古典拉扣沙發｜長 320×椅座深 50×椅背高 60 公分｜木作、PU 乳膠皮革

459

材質｜磁磚

紅磚屏風｜長 320× 高 260 公分｜紅磚、木框、玻璃

461

材質｜老木

459
倚窗四人座位超有 fu
緊靠復古木拉門安排四人座位，方便三兩好友聚會、聊天，偶爾悠哉望向門外的路邊街景感覺相當閒適。攝影 © 葉勇宏

460
古樸紅磚牆的懷舊氣息
進門左側以古樸的紅磚半牆搭配老木窗，打造一扇足以屏障室內視線的造型屏風，室內天花板不作多餘包覆，灰藍色的基底塗裝，釋放靜謐安穩的氣息，直接外露的管線，也在天花板上伸展出趣味線條，角落的沙發卡座相當舒適，搭配的特製棧板長桌也很有特色。攝影 © 葉勇宏

461
結合吧檯概念的大餐桌
希望藉由座位高度不同而給予與客人另一種不一樣的感受，因此 人以樣安排一個人半十半門訂製桌高度比一般桌子高出許多，若想和吧檯工作人員聊聊天，高度也剛剛好適合。攝影 © 葉勇宏

水管靠背椅｜椅面長 50× 寬 55 公分｜鐵管、棧板組裝

462
水管＋豆腐板趣味十足的桌＆椅

店內的桌子、椅子有許多獨特造型，而每一款都是具有工業設計底子的設計團隊，精心發想的生活藝術品。包括以傳統豆腐板重新組裝、上漆的灰綠色桌椅，椅面鑲嵌馬賽克、色彩繽紛的馬卡龍凳子，以及讓小編也愛不釋手的水管造型椅等等，都讓空間氣氛更加有特色。攝影 © 葉勇宏

463
大面開窗讓室內獨具開放感

店內從裸式天花板的鐵灰色，到牆面、地面水泥粉光的暖灰色，散發出一種安定、親切的頻率，地面也同樣鑲嵌帶狀花磚兼作動線引導，考慮一般來客的用餐人數多在兩人以上，所以店內的座位採 2、4、6 人座的雙數配置，可以活用空間，但也不至於太擁擠。圖片提供 © KC DESIGN

463

特製四人方桌｜高 75× 長 90× 寬 90 公分｜杉木、鐵件

464

材質｜漆料

465

材質｜水泥板、超耐磨木地板

466

材質｜老窗

464

專屬小圈圈的座位

利用矮櫃將沙發區與其他座位區隔開來，幾張沙發椅很適合好友在這裡聚會，由於空間以黑白為主因此沙發顏色也選用素色，藉此搭配空間產生和協感。攝影©Amily

465

鮮豔藍色打亮座位區

以輕工業風為空間主要風格，顏色也多偏向黑灰色系，因此在座位區牆面採用一道亮眼的藍色點綴，讓灰色為主的座位區變得更有活力，而牆上貼滿了客人的立可拍則注入活潑氣息，也讓人感覺更溫馨。攝影©葉勇宏

466

復古老件也要講究情懷

座位區之間利用舊窗與青水，共同砌出一道高牆，清楚將空間一分為二，沿用舊窗老元素，椅凳也選用復古款式，自然融合一點也不會突兀。攝影©余佩樺

467

材質｜磨石子

467
戶外座區享受大自然洗禮

台灣早期老房子通常長而深，因此在中段位置會設置天井以便採光，現在則改造成庭院，並擺放椅子成為可享受戶外氣息的最佳座位。攝影 © 葉勇宏

468
順應斜切造型訂製大餐桌

由於吧檯以斜切造型設計，也順勢將空間做了區隔，比較多人用餐的區域，則依斜角訂製原木大餐桌，不管一個人還是團體都相當適合。攝影 © 葉勇宏

468

材質｜文化磚

469

材質｜紅磚

469

畸零角落打造靜謐座位區

位於樓梯下方的畸零空間，雖然不大但擺上一張四人桌剛剛好，質樸紅磚牆搭配工業風壁燈，角落空間瞬間變身姐妹談心的私密小角落。攝影◎葉勇宏

470

吧檯座位欣賞戶外街景

此因為空間小，所以更要好好利用空間，在落地窗前以木質平台做為吧檯檯面，放上幾張吧檯椅就成了一個吧檯區，坐在這裡不只能享受陽光，也能看著人來人往的有趣街景。攝影◎葉勇宏

470

材質｜木貼皮

材質｜水泥粉光

471

入口座位也有好景色

雖然位於入口位置，但由於有大片落地窗，因此視覺自然而然會被吸引到落地窗外的景致，加上空間開闊，不會有多數入門位置的侷促感。攝影 © 葉勇宏

472

豐富窗景才是真正的主角

簡單的兩人座位區，其實真正引人注意的是這道牆面，可愛的外推窗，讓牆面有著鄉村風調調，同時擺上琳瑯滿目的雜貨小物，顏色鮮豔又可愛，也讓坐在這裡的人，立刻就有好心情。攝影 © 葉勇宏

472

材質｜木素材

473

473

吧檯座位悠閒享受品味時刻

在入口吧檯處安排吧檯椅形成另一個座位區，在吧檯區可以一個人靜靜獨飲，也可以和工作人員聊聊天，而且在老屋的狹長空間裡，由於吧檯座位空間不需要太大，因此也不會影響走道空間。攝影 © 葉勇宏

474

善用空間裡的每個角落

空間相當窄小，因此需將空間運用到最極致，從吧檯延伸出來的平台，順勢就了成為桌面，再擺幾張小巧的小板凳，就是個可坐兩人的座位區了。攝影 © 葉勇宏

474

CHAPTER

4

外帶區
設計

外帶也舒適的
專屬等待空間

餐廳空間規劃雖以內用客人為主,但若
沒有適度規劃外帶區,不只容易造成外
帶客人不便,甚至也會影響店裡用餐的
舒適感受,建議若有多餘空間應設置外
帶區,空間不夠可以巧思設計引導動
線,改善外帶、內用客人彼此干擾的狀
況。

475
外帶動線與內用動線明顯區隔

大部分的點餐櫃檯兼具接待和結帳的功能,因此位
置通常設在較靠近出入口的地方,為了避免外帶消
費者阻擋到內用消費者的進出,可將取餐位置分開
設置,或者擴大結帳區空間,預留至可容納約 3 ~ 4
個人大小,抒解結帳區的擁擠;為避免影響內用消
費者的用餐舒適度及行走動線,座位區與等待區之
間至少要保持約 120 公分的距離。

圖片提供 _ 賀澤設計

476
吧檯設計引導外帶、內用動線

若空間過小無法另外規劃外帶區，可利用吧檯造型引導客人動線。一字型吧檯可藉由點餐取餐位置分開，讓外帶客人自然在取餐區等待，而不引響內用動線，L型吧檯建議將點餐與結帳區安排在較短那面，座位可沿較長這一面安排，內用、外帶客人點完餐後，動線各自分開不重疊，自然不會互相干擾。

攝影 _ 葉勇宏

攝影 _ 葉勇宏

477
外帶動線以不影響主動線為原則

外帶區位置的安排也要視餐廳規模來評估，大型連鎖餐廳講求效率，需要快速消化大量人潮，必須將點餐區和取餐區位置距離拉開，以保持點餐動線的流暢，而小型的個人咖啡館或者餐廳，人潮相對較少，在不影響到主動線的原則下，可以在鄰近櫃檯的地方安排外帶取餐區。

478
櫃檯設計引導動線維持取餐秩序

部分只做外帶的店面，在坪數夠大的情況下以作業區為主要配置考量，另外規劃簡單的座位區以充分運用坪效，為了減少人潮對騎樓人行道的影響同時維持秩序，可以一半的轉角櫃檯設計將取餐區規劃在內部，引導消費者入內取餐。

圖片提供 _ 逸喬設計

479

材質｜鐵件、水泥粉光＋ epoxy

479
即使短暫停留也有舒適感受

在入口處安排一個長型立桌，不規劃成座位區，是希望維持空間裡的開闊感，同時也是為了將外帶客人引導至此區，可以有效疏散點餐區的擁擠狀況，讓外帶的客人也能享受咖啡館裡舒適的空間及氛圍，而不只是單純進來消費而已。攝影

©Yvonne

櫃檯｜梧桐木｜高 125×寬 30 公分

材質｜超耐磨地板、水泥粉光地板

櫃檯｜實木貼皮染色
地板｜水泥粉光｜長 450×寬 110×高 80 公分

480
一分為二，留出中央走道

由於坪數較小且為窄長形的基地形狀，在面寬受限的情況下，櫃檯沿牆設置，不僅留出向上的樓梯空間，前方也空出走道並設置吧檯椅，方便客人等待。櫃檯高度刻意由低拉高，營造視覺深度，清淺的梧桐木，呈現清新自然的氣息。攝影
© 葉勇宏

481
留出 L 型的開闊走道

從入口處退縮放置甜點櫃與櫃檯，形成 L 型結帳區域，同時餐桌與櫃檯保持一定距離，入口至座位區的動線因而留出寬敞走道，而這也是結帳和外帶的停留空間。另外，將結帳區安排在樑下，刻意留給其餘座位區開闊的天花高度，企圖營造舒適的休憩空間。攝影 © 葉勇宏

482
三五人等待也不嫌擠的空間

中島廚房與結帳區相連，拉長吧檯長度，有效延伸視覺營造出大器風範。而位於結帳區前方的桌椅刻意拉開適當的距離，留出約莫三五人站立也不嫌擠的寬廣，從而與桌下便利的空間，再加上結帳區旁的櫃體設置外帶展示區，讓外帶的客人有餘裕的空間，又能打發等待的時間。攝影 © 葉勇宏

483
利用傢具圍塑空間領域

在甜點櫃和展示區之間留出一小塊的餘白空間，暗示客人向前移動，作為主要的點餐等待區。而最靠近甜點櫃的座位，刻意選擇不同造型的學生椅，讓座位區與點餐區形成一張椅子寬度的過渡空間，隱喻空間的轉換，在近 10 坪左右的空間中也能不過於擁擠。攝影 © 葉勇宏

484
摩登灰階襯托木質馨香

因為店內實際空間不大，善用材質特色增加層次感，是很聰明的辦法，設計師首先在牆面、地面使用灰階的水泥粉光，其次是天花板和蛋糕櫃、壁掛陳列櫃等量體，大量使用天然木料打造，讓空間展現一種摩登且悠閒的氣氛。圖片提供 © 六相設計

483

材質｜超耐磨地板

484

蛋糕櫃｜高 140× 寬 120× 深 75 公分
材質｜松木、角材、金屬、玻璃

材質｜櫃檯 - 訂製鐵件、地板 -PVC 地板

吧檯｜寬 354× 深 45 公分
材質｜膠合清玻璃

485+486
考量展示區深度和桌距

以復古為主軸的咖啡廳中，運用高度相似的鐵製行軍床、木製老式櫃體和學生桌，在櫃檯前方設置出一系列的商品展示和水杯取用區。在結帳區前刻意選擇深度較淺的老式櫃體，方便客人靠近與店員對話。而座位區則向後推移，讓出主要動線，也便於客人駐足停留。攝影 © 葉勇宏

487
延伸入內的空間想像

外觀以透淨清玻給人延伸入內的想像，整體設計融入折包裝盒概念，色彩則以愉悅黃色結合沉穩的深咖啡色，呼應杯子蛋糕的外觀包裝。店內以外帶和點為主，嫩黃色咖檯作為空間主體，打造出俐落不失活潑的空間氛圍，而開闊空間也確保外帶不會有擁擠狀況發生。圖片提供 ©JCA 柏成設計

櫃檯｜馬賽克磁磚

488
減少桌數，呈現寬廣空間

餐桌沿著牆面設置，刻意擺放少少的桌椅，不僅桌距開闊，吧檯前方也隨即留出寬廣走道，可作為外帶客人駐足的等待區域。長型吧檯沿著窗戶延伸而出，為工作區注入採光，倒 L 型的形狀能適時遮蔽工作區域，表面則運用馬賽克磁磚，展露濃厚的復古意味，與空間年齡相呼應。攝影 © 葉勇宏

489
結合多重功能的便利動線

將廚房、回收檯、收付櫃檯等功能，規劃成一直線，並將回收餐盤、收付、外帶、收納等功能整合在靠近出入口區域，與用餐動線明顯區隔開來，避免客人來往流動造成空間擁擠、影響用餐氣氛，打造一個方便客人回收餐盤、付款、外帶的流暢動線。圖片提供 © 賀澤設計

489

櫃體｜厚木鋼刷橡木｜天花｜OSB 板

490

材質｜南方松、人造石

490

老檜木箱展示每日新鮮水果呼應品牌精神

新品牌果汁店以南方松實木條的立面化，圍塑出
森林系的空間質感，呼應品牌強調新鮮果汁為原
料。外帶區融入市場販售的概念，運用老檜木箱
陳列每天的新鮮水果，讓水果不只是食材也成為
觀賞的主角，右側櫃檯則嵌入液晶電視、店卡與
DM架，三者結合加上電視不斷輪播店內的招牌
飲品，強化品牌意象。圖片提供©刀口建築

491

作業動線引導客人移動動線

以彎轉流線、圓潤邊角打造櫃檯，並在表面鑲嵌
金色品牌字樣，形成光滑純白光淨的空間呈體，
從點餐到商品陳列坡墀櫃，作業依序進行，點餐
與等待動線不重疊，自然不會發現擠在點餐區的
窘況。圖片提供©十分之一設計

491

材質｜人造大理石、鋼烤白漆

492

材質｜清水磚

492
清水磚中島整合外帶與烘焙、料理

面對長形街屋基地，工作吧檯兼外帶區在規劃上是一大重點配置，中島吧檯採用清水磚工法，砌完後無任何水泥加工，呈現乾淨且手感的氛圍，回應小店販售手作蛋糕麵包的定位，也因此吧檯左側主要提供手作麵包陳列，搭配復古燈具的選用，讓氛圍更到位。圖片提供 © 力口建築

493
木質傢具打造悠閒等候氛圍

咖啡館的入口前端利用椅凳、長凳傢具配置，搭配馬賽克磁磚地面的設計，呈現公園步道的悠閒意象，讓外帶客人能在此稍坐歇息，後方白牆以手感插畫為擺設，一旁的欄杆、傢具也妝點著綠意，彼此相互交融打造清新療癒的自然氛圍。圖片提供 © 鄭士傑設計有限公司

493

材質｜鐵件、木料

494

材質｜實木

494

簡單主張的實木感吧檯

以手作麵包、義式咖啡與甜點作為主要營業項目
的這間特色小店，在吧檯設計上主要鎖定提供結
帳與煮咖啡二種機能，因此，動線安排非常簡
單，面對吧檯的左側為結帳區，右側為咖啡製作
區，而在吧檯外圍也貼心地設計一置物檯，避免
客人付款或取餐時兩手大包小包的慌亂窘境。圖
片提供 © 禾方設計

495

相異地坪材質區隔內外

室內天花板及地坪造型部分延續入口斜向的設計
語彙，材質則採用橡木及黑鐵滾框元素，地板利
用磚牆與水泥粉光明顯將外帶區與室內座位區區
隔開來，讓彼此不會互相干擾，並另外在外帶區
規劃立桌設計，方便短暫停留的外帶客人可以或
站或坐的休息等待。攝影 ©Yvonne

495

材質｜橡木、黑鐵

496

材質｜木夾板

496
外帶區同時也是資訊情報站

將飲料冷藏櫃安排在結帳區靠牆位置，方便客人結完帳帶著走，也藉此留出一小塊讓外帶客人可暫時等待的空間，外帶客人往牆面方向挪移，自然不會影響到門口出入，在這裡同時擺放許多關於前往澳洲旅遊、遊學資訊，提供給有興趣的人參考使用。攝影 ©Yvonne

497
放寬尺度疏散結帳區的擁擠

入口與吧檯結帳處刻意規劃可容納三至四個人走動的寬度，是考量到外帶客人結完帳後，可以有暫時等候的空間，既不影響準備結帳離開的客人，又可在等待時感受咖啡館的輕鬆氛圍，等候區木夾板牆上，隨興以照片做裝飾，讓外帶客人等候之餘也能感受店長與客人的互動。攝影 © 葉勇宏

497

材質｜水泥粉光、木夾板

材質│水泥粉光

499

500

材質│超耐磨木地板

498
提供外帶等候時的小小樂趣

不只結合藝文活動，在這裡也販售創意設計小物，因此在一進門左側將等候外帶結合展示區，獨立在入口處明顯與座位區有段距離，不會影響店裡客人用餐氣氛，也讓外帶客人在等候期間可以逛逛消磨等待的時間。攝影 © 葉勇宏

499+500
方正格局反而讓出外帶區

由於格局方正，因此入口一進門處不擺放座位，坐下來正好成為外帶、候看的區域，如外帶等候客人較多時，則可將動線拉至門外右側平台，以免影響內用客人。攝影 © 葉勇宏

PLUS
作業區

作業區是一家餐廳的核心，設計得不好甚至有可能影響營業，因此除了購入設備外，怎麼安排設備位置、空間應該多大，甚至工作動線如何規劃，不論工作區（廚房）大小都應該注意，盡量避免讓錯誤的設計影響內場人員工作的舒適度與效率。

諮詢設計師 _ 力口建築 利培安。直學設計 鄭家皓｜插畫 _nina

Point 1 動線順暢工作更有效率

廚房位置的安排，首先最需要考慮的就是外場人員作業動線是否順暢，客人出入口與出菜、回收碗盤行經動線最好盡量錯開，避免因為動線重疊導致擁擠，若是空間許可最好規劃在不同位置，一般作業區（廚房）不論其屋型或者格局，因應人使用的動線不外乎以下幾種類型：

Type 1

二字型

這是一般廚房作業區最基本的類型，也最常見的廚房配置，靠牆一端因應管線會設置火源與水源，並依照業種決定鍋爐器具，而另一端則為備料區及工作檯。

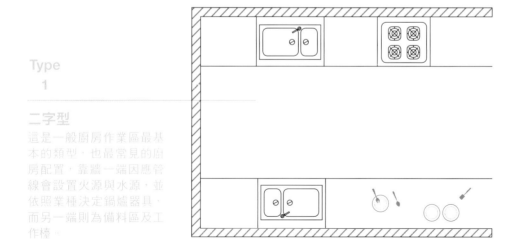

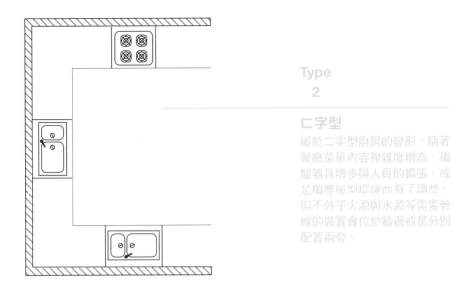

ㄈ字型

屬於二字型廚房的變形，隨著
餐廳菜單內容複雜度增高，鍋
爐器具增多與人員的擴張，或
是相應屋型環境而有了調整，
但不外乎火源與水源等需要管
線的裝置會位於牆邊或是分別
配置兩旁。

三字型與環狀中島

現代餐廳廚房裡的動線多採用
法式廚房也就是環狀中島配
置，中間是中島型工作區，火
線與洗碗區分別配置於兩旁，
開放式廚房的吊架或設備可以
成為開放式廚房設計一部份。
水槽是重要的工作點，把冰箱
規劃在水槽附近，讓烹調前的
準備工作更容易。同時，水槽
靠近爐具，也方便要瀝乾煮好
的麵條及蔬菜。

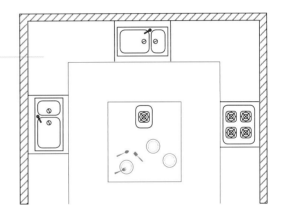

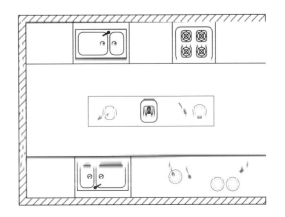

Point 2　廚房小細節設計

除了廚房設備基本配置及工作動線安排外，廚房小細節的設計若能更為講究，不只關乎到能否讓廚房工作人員在工作時，動作更為流暢進而提高工作的舒適度，同時也相對地提高工作效率。

攝影 © 葉勇宏

攝影 © 葉勇宏

Tips
1

氣壓平衡

一般來說，廚房裡的壓力應大於用餐區，餐廳內部的壓力應大於室外，中大型餐廳廚房則須注意補風問題，補風的需要來自於當空氣被大量抽走的時候，外場的空氣會被吸入廚房，如此會造成冷氣冷度不足，或是大門無法開啟的問題。

Tips
2

截油槽與水溝

截油槽是今日所有餐飲業的標準規格，一般標準型截油槽深度 30 公分，如果地坪深度不足，必須架高或使用活動式截油槽設置於水槽下方。廚房內場地坪需注重防滑問題，以馬賽克或 20 公分正方型瓷磚為佳，正規餐廳標準需要以水管沖洗的廚房地坪需墊高 15 公分並設置水溝，但一般較為小型的餐廳可試現場狀況做設計。

攝影 ©Yvonne

index

KC design Studio	02-2761-1661
子境空間設計	04-2631-6299
the muds' group	02- 2732-3121
睿格設計	02-2956-6639
禾境室內設計	02-2720-1762
十分之一設計	02-8732-8383
芽米設計	04-2255-7790
柏成設計有限公司	02-2351-2998
天空元素視覺空間設計所	02-2763-3341
大砌誠石	02-2766-1062
禾境室內設計	02-2720-1762
隱巷設計	02 2325 7070
涵石設計	02-2397-5288
賀澤室內裝修設計工程有限公司	03-668-1222

國家圖書館出版品預行編目(CIP)資料

設計師不傳的私房秘技：吃喝。小店空間設計500【暢
銷改版】／漂亮家居編輯部作. -- 2版. -- 臺北市：麥浩
斯出版：家庭傳媒城邦分公司發行, 2020.04
　　面；　公分. -- (Ideal home ; 66)
ISBN 978-986-408-597-2(平裝)

1.空間設計 2.餐飲業

　　　　　422.52　　　　　　　109004859

IDEAL HOME 66

設計師不傳的私房秘技
吃喝。小店空間設計 500
【暢銷改版】

作者　　　漂亮家居編輯部
責任編輯　許嘉芬
文字編輯　李亞陵、林雅玲、許嘉芬、陳佳歆、
　　　　　張景威、楊宜倩、覃彥瑄、蔡竺玲、
　　　　　鄭雅分
封面設計　Cyan
版型設計　莊佳芳
美術設計　深紫色 Studio
攝影　　　Amily、Yvonne、葉勇宏、李永仁
插畫　　　nina
行銷企劃　李翊綾、張瑋秦

發行人　　何飛鵬
總經理　　李淑霞
社長　　　林孟葦
總編輯　　張麗寶
副總編輯　楊宜倩
叢書主編　許嘉芬

製版印刷　凱林彩印股份有限公司
版次 2020 年 04 月 2 版一刷
定價　新台幣 450 元 Printed in Taiwan
著作權所有‧翻印必究（缺頁或破損請寄回更換）

出版　城邦文化事業股份有限公司
麥浩斯出版 地址　104 台北市中山區民生東路二段 141 號 8 樓
電話　02-2500-7578
E-mail　cs@myhomelife.com.tw

發行　英屬蓋曼群島商家庭傳媒股份有限公司城邦分公司
地址　104 台北市中山區民生東路二段 141 號 2 樓
讀者服務專線　0800-020-299
讀者服務傳真　02-2517-0999
Email　service@cite.com.tw
劃撥帳號　1983-3516
劃撥戶名　英屬蓋曼群島商家庭傳媒股份有限公司城邦分公司

香港發行　城邦（香港）出版集團有限公司
地址　香港灣仔駱克道 193 號東超商業中心 1 樓
電話　852-2508-6231
傳真　852-2578-9337
電子信箱　hkcite@biznetvigator.com
馬新發行　城邦（馬新）出版集團 Cite(M) Sdn.Bhd.
地址　41, Jalan Radin Anum, Bandar Baru Sri Petaling,
　　　57000 Kuala Lumpur, Malaysia
電話　603-9057-8822
傳真　603-9057-6622
總經銷　聯合發行股份有限公司
電話　02-2917-8022
傳真　02-2915-6275